CBAC Dyfarniad Galwedigaethol
PEIRIANNEG LEFEL 1/2

Matthew Wrigley

CBAC Dyfarniad Galwedigaethol: Peirianneg Lefel 1/2

Addasiad Cymraeg o WJEC Vocational Award Engineering Level 1/2 a gyhoeddwyd yn 2019 gan Illuminate Publishing Ltd, P.O. Box 1160, Cheltenham, Swydd Gaerloyw GL50 9RW.

Archebion: Ewch i www.illuminatepublishing.com neu anfonwch e-bost at sales@illuminatepublishing.com

Ariennir yn Rhannol gan **Lywodraeth Cymru**
Part Funded by **Welsh Government**

Cyhoeddwyd dan nawdd Cynllun Adnoddau Addysgu a Dysgu CBAC

Data Catalogio Cyhoeddiadau y Llyfrgell Brydeinig

Mae cofnod catalog ar gyfer y llyfr hwn ar gael gan y Llyfrgell Brydeinig.

ISBN 978-1-912820-60-3

Argraffwyd gan: Severn, Caerloyw.

04.20

Polisi'r cyhoeddwr yw defnyddio papurau sy'n gynhyrchion naturiol, adnewyddadwy ac ailgylchadwy o goed a dyfwyd mewn coedwigoedd cynaliadwy. Disgwylir i'r prosesau torri coed a gweithgynhyrchu gydymffurfio â rheoliadau amgylcheddol y wlad y mae'r cynnyrch yn tarddu ohoni.

Gwnaed pob ymdrech i gysylltu â deiliaid hawlfraint y deunydd a atgynhyrchwyd yn y llyfr hwn. Os cânt eu hysbysu, bydd y cyhoeddwyr yn falch o gywiro unrhyw wallau neu hepgoriadau ar y cyfle cyntaf.

Atgynhyrchir briffiau aseiniad a chynlluniau marcio CBAC gyda chaniatâd CBAC.

Gosodiad y llyfr Cymraeg: Kamae Design
Dyluniad a gosodiad gwreiddiol: Kamae Design
Dyluniad y clawr: Kamae Design

Cynnwys

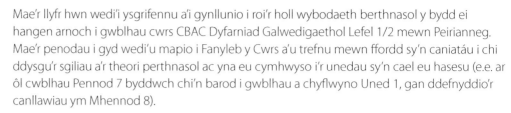

Mae'r llyfr hwn wedi'i ysgrifennu a'i gynllunio i roi'r holl wybodaeth berthnasol y bydd ei hangen arnoch i gwblhau cwrs CBAC Dyfarniad Galwedigaethol Lefel 1/2 mewn Peirianneg. Mae'r penodau i gyd wedi'u mapio i Fanyleb y Cwrs a'u trefnu mewn ffordd sy'n caniatáu i chi ddysgu'r sgiliau a'r theori perthnasol ac yna eu cymhwyso i'r unedau sy'n cael eu hasesu (e.e. ar ôl cwblhau Pennod 7 byddwch chi'n barod i gwblhau a chyflwyno Uned 1, gan ddefnyddio'r canllawiau ym Mhennod 8).

Bydd y llyfr hwn yn eich cyflwyno chi i lawer o sgiliau ac egwyddorion peirianneg sylfaenol ac yn caniatáu i chi ddod i ddeall maes y pwnc yn dda. Byddwch chi'n dysgu sut i gyfathrebu'n effeithiol fel Peiriannydd drwy ddefnyddio technegau lluniadu tri dimensiwn (3D) a lluniadau technegol, yn ogystal â gallu defnyddio ac adnabod llawer o offer, peiriannau a darnau o gyfarpar sy'n gyffredin ym myd peirianneg.

Beth sydd yn y llyfr hwn

Wrth ddefnyddio'r llyfr hwn, fe welwch chi lawer o eitemau i wella eich gwybodaeth a'ch dealltwriaeth o faes y pwnc. Mae'r rhain yn cynnwys:

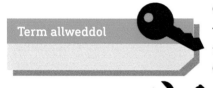

Term allweddol: gair neu frawddeg allweddol sy'n gysylltiedig â maes y pwnc ac sy'n derm technegol penodol i'w ddefnyddio i ddangos eich gwybodaeth am yr eirfa mae Peirianwyr yn ei defnyddio.

Cyngor: cyngor cyflym i'ch helpu chi i gwblhau neu ddeall y dasg bresennol.

Tasg: tasg neu broject bach wedi'i lunio i gadarnhau'r wybodaeth rydych chi newydd ei dysgu. Mae hefyd yn gyfle i chi 'roi cynnig ar' gymhwyso'r theori.

Mae penodau 11 ac 12 yn cynnwys llawer o'r wybodaeth dechnegol sydd ei hangen i gwblhau Uned 2 yn llwyddiannus (ond fe gewch eich profi ar y wybodaeth hon fel rhan o Uned 3, yr arholiad).

Y ffordd i lwyddiant

I ddysgu'r holl sgiliau perthnasol at safon lle bydd y bandiau perfformiad uchaf a'r graddau uchaf ar gael i chi, yn ddelfrydol bydd angen i chi ddefnyddio cyfarpar arbenigol.

CAD: does dim angen dylunio drwy gymorth cyfrifiadur i gwblhau'r cwrs ond mae'n cynhyrchu canlyniadau o safon. Mae'r diwydiannau peirianyddol yn defnyddio llawer o CAD a bydd angen dysgu'r sgil hwn ar ryw adeg wrth hyfforddi i fod yn Beiriannydd. Mae llawer o becynnau CAD ar gael i fyfyrwyr i'w llwytho i lawr am ddim am gyfnodau treial, ac mae pecynnau CAD llawn ar gynnig gan rai cwmnïau.

Gweithdy: bydd angen i chi fod â mynediad i amgylchedd gweithdy i gymhwyso'r sgiliau a'r wybodaeth rydych chi wedi'u dysgu. Un o nodweddion hanfodol peirianneg yw'r gallu i drin defnyddiau drwy ddefnyddio prosesau a chyfarpar sydd i'w cael mewn gweithdy yn unig, fel melino, turnio a drilio. Gallwch chi ddefnyddio offer neu beiriannau llaw i greu prototeipiau, ond mae deall sut i gydosod a defnyddio peirianwaith yn ddiogel ac yn effeithiol yn sgìl sylfaenol ar gyfer y cwrs hwn.

Strwythur y cwrs

Cwrs galwedigaethol yw Dyfarniad Lefel 1/2 CBAC mewn Peirianneg. Gellir ei ddechrau ym Mlwyddyn 9 a'i ddilyn dros dair blynedd neu ei ddechrau ym Mlwyddyn 10 a'i ddilyn dros ddwy flynedd. Bydd y disgyblion sy'n cwblhau'r cwrs yn cael eu hasesu mewn tair uned, gan gael eu graddio o radd Rhagoriaeth Seren i radd Llwyddiant Lefel 1. Caiff y graddau sy'n cael eu rhoi ar gyfer pob uned eu hasesu ar sail Cynllun Marcio'r Fanyleb, lle gwelwch chi'r Meini Prawf Asesu a'r Bandiau Perfformiad perthnasol. Gallwch chi weld y wybodaeth hon drwy edrych ar wefan CBAC a dewis y Cymhwyster Peirianneg: **https://www.wjec.co.uk**.

Isod fe welwch chi enghreifftiau o sut caiff y cwrs ei raddio a'i asesu.

Graddio

Dyma strwythur graddio'r cwrs:

Gradd	Wedi'i hysgrifennu fel	Cywerth â TGAU
Rhagoriaeth Seren (Lefel 2)	Rh*	A*
Rhagoriaeth (Lefel 2)	Rh	A
Teilyngdod (Lefel 2)	T	B
Llwyddiant (Lefel 2)	L2Ll	C
Llwyddiant (Lefel 1)	L1Ll	D

Unedau

Caiff yr unedau canlynol eu hasesu:

Teitl yr uned (rhif)	Asesu	Cynnwys
1 Dylunio Peirianyddol (9791)	Mewnol (ysgol/coleg)	Tasg portffolio 6–7 tudalen
2 Cynhyrchu Cynhyrchion Peirianyddol (9792)	Mewnol (ysgol/coleg)	Tasg gwneud mewn gweithdy
3 Datrys Problemau Peirianyddol (9793)	Allanol (safonwyr/arholwyr CBAC)	Arholiad

Sut byddwch chi'n cael eich asesu?

Cewch chi eich asesu mewn tair uned:

Uned 1: Asesiad mewnol (oriau dysgu dan arweiniad 30)

Fel canllaw, mae Uned 1 yn dasg seiliedig ar 'ddylunio' lle mae gofyn i chi gyflwyno portffolio o tua chwech–saith tudalen A3. Fodd bynnag, os ydych chi eisiau cyflwyno'r portffolio ar A4 neu hyd yn oed yn ddigidol mae hynny hefyd yn dderbyniol; eich dewis chi yw hyn ac mae'n dibynnu pa gyfarpar sydd ar gael. Caiff hwn ei asesu/ei farcio gan eich tiwtor.

Tasg Asesiad dan Reolaeth yw'r uned hon a dylid defnyddio lefel rheolaeth 'ganolig', gyda'ch tiwtor yn goruchwylio'r gwaith.

Bydd gennych chi saith awr i gynhyrchu'r gwaith sydd i'w asesu.

Gallai Uned 1 gynnwys:
- dadansoddi cynnyrch (ACCESSFM/peirianneg wrthdro, dadansoddiad uwchben ac islaw)
- datblygu syniad/au (gyda chysylltiadau â chynhyrchion sy'n bodoli eisoes)
- cynhyrchu syniadau (gydag anodiadau)
- briff pwrpasol
- dyluniad terfynol
- tafluniad orthograffig (3edd ongl)
- manyleb ddylunio
- CAD
- golwg isometrig.

Bydd cyflwyniadau pob ymgeisydd dan arweiniad y ganolfan (ysgol/coleg).

Uned 2: Asesiad mewnol (oriau dysgu dan arweiniad 60)

Mae Uned 2 yn disgwyl i chi ddangos y sgiliau gweithdy a'r sgiliau lluniadu technegol rydych chi wedi'u dysgu i drawsnewid tafluniad orthograffig 3edd ongl (lluniad peirianyddol) ac i gynhyrchu prototeip yn amgylchedd gweithdy'r ganolfan. Bydd rhaid i chi hefyd gynhyrchu dogfennau ategol i ddangos eich bod chi'n deall y dasg ac i roi tystiolaeth o'ch arferion gweithio. Caiff hwn ei asesu/ei farcio gan eich tiwtor.

Tasg Asesiad dan Reolaeth yw'r uned hon a dylid defnyddio lefel rheolaeth 'ganolig', gyda'ch tiwtor yn goruchwylio'r gwaith.

Bydd gennych chi 12 awr i gynhyrchu'r gwaith sydd i'w asesu.

Gallai Uned 2 gynnwys:
- cynhyrchu prototeip sydd wedi'i greu mewn amgylchedd gweithdy
- tystiolaeth o wyth neu naw o 'sgiliau' (e.e. melino, sgrifellu, drilio, ac ati)
- asesiadau risg
- cynllun cynhyrchu
- rhoi prosesau mewn trefn
- taflenni tasgau/rhestri darnau
- cofnod arsylwadau dysgwr
- gwerthusiad.

Bydd cyflwyniadau pob ymgeisydd dan arweiniad y ganolfan (ysgol/coleg).

Uned 3: Asesiad allanol (oriau dysgu dan arweiniad 30)

Mae Uned 3 yn arholiad sy'n cael ei asesu'n allanol a byddwch chi'n ei sefyll mewn amgylchedd 'dan reolaeth' fel ysgol neu goleg, o dan oruchwyliaeth. Bydd yr arholiad yn para 90 munud ac yn rhoi sylw i bob agwedd ar y fanyleb peirianneg, gan gynnwys gwybodaeth a theori.

Gallai Uned 3 Arholiad Datrys Problemau roi prawf ar y canlynol:
- theori
- gwybodaeth
- datrys problemau mecanyddol
- datrys problemau electronig
- datrys problemau adeileddol
- sgiliau lluniadu
- gwybodaeth am ddefnyddiau.

Pryd dylech chi sefyll yr unedau?

Eich ysgol neu eich coleg ddylai benderfynu pryd i gyflwyno gwaith ar gyfer pob un o'r tair uned, a bydd eich tiwtor yn gadael i chi wybod pryd i ddechrau gweithio a phryd bydd y dyddiadau cau'n agosáu.

Mae'r penodau yn y llyfr hwn yn rhoi sylw i'r canlynol:
- Mae Penodau 1 i 7 yn rhoi sylw i ddigon o'r fanyleb i chi allu llwyddo i gwblhau a chyflwyno Uned 1, gan ddefnyddio'r arweiniad ym Mhennod 8, a digon o wybodaeth i gyrraedd y bandiau perfformiad uchaf.
- Mae Penodau 9 i 13 yn rhoi sylw i weddill y wybodaeth 'seiliedig ar theori' sydd ei hangen i baratoi ar gyfer Uned 2 ac Uned 3.

I gwblhau Uned 2 yn llwyddiannus bydd angen i chi ymarfer mewn gweithdy. Bydd angen i chi gwblhau sawl project yn y gweithdy a fydd yn eich arwain drwy weithdrefnau ar sut i ddefnyddio offer a chyfarpar yn ddiogel ac yn gywir. Yna gallwch chi gymhwyso'r wybodaeth hon i gynhyrchu eich prototeip yn Uned 2.

Gallwch chi sefyll Uned 3 yn gynnar os yw eich tiwtor yn meddwl eich bod chi'n barod. Fodd bynnag, gallwch chi ddewis AILSEFYLL y flwyddyn ganlynol. Byddai angen trafod yr opsiynau ailsefyll gyda'ch canolfan.

Graddio'r cwrs

Sut rydw i'n cyfrifo fy ngradd derfynol?

Ar ôl cwblhau pob uned, byddwch chi'n cael pwyntiau. Bydd eich gradd derfynol yn dibynnu ar nifer y pwyntiau rydych chi wedi'u sgorio am bob uned. Yna, mae angen adio'r pwyntiau hyn at ei gilydd i roi sgôr derfynol i chi. Mae'r tablau canlynol yn dangos nifer y pwyntiau am bob gradd ym mhob uned, a CHYFANSWM y pwyntiau sydd ei angen ar gyfer pob gradd. Mae'r tabl canlynol yn dangos faint o bwyntiau sydd ar gael i chi ym mhob uned:

> *Nodyn Pwysig:* i gael gradd (e. e. Teilyngdod) am uned mae'n rhaid cyrraedd o leiaf y radd honno ar gyfer pob Maen Prawf Asesu. Er enghraifft, os cewch chi 7 Teilyngdod ac 1 Llwyddiant Lefel 2 yn Uned 1, eich gradd gyffredinol ar gyfer Uned 1 fydd Llwyddiant Lefel 2 (2 bwynt).

Uned	Pwyntiau am bob uned			
	Llwyddiant Lefel 1	Llwyddiant Lefel 2	Teilyngdod Lefel 2	Rhagoriaeth Lefel 2
Uned 1 (9791)	1	2	3	4
Uned 2 (9792)	2	4	6	8
Uned 3 (9793)	1	2	3	4

Mae'r tabl canlynol yn dangos y dyfarniad/cymhwyster cyffredinol sydd ar gael i chi am gyfanswm y pwyntiau rydych chi wedi'u hennill:

Cymhwyster	Cyfanswm pwyntiau graddio	
Dyfarniad Galwedigaethol Lefel 1 CBAC mewn Peirianneg 9790	Llwyddiant	4–6
Dyfarniad Galwedigaethol Lefel 2 CBAC mewn Peirianneg 9790	Llwyddiant	7–10
	Teilyngdod	11–13
	Rhagoriaeth	14–15
	Rhagoriaeth *	16

Mae rhestr wirio ddefnyddiol isod i chi droi ati bob tro rydych chi'n cwblhau pennod. Copïwch y rhestr wirio i'ch nodiadur a thicio'r blychau ar ôl rhoi sylw iddynt gan roi tic yn y blwch 'Gwael', 'Iawn' neu 'Da' i nodi eich dealltwriaeth o'r bennod. Wrth edrych yn ôl dros y rhestr wirio hon wrth adolygu, gallwch chi weld yn gyflym beth yw eich meysydd cryfaf ac ym mha feysydd bydd angen i chi adolygu mwy.

Teitl y bennod	Ticiwch ar ôl mynd drosti	Dealltwriaeth		
		Gwael	Iawn	Da
1 Lluniadau Peirianyddol				
2 Cyfathrebu Syniadau Dylunio				
3 Defnyddiau a'u Priodweddau				
4 Nodi Nodweddion Cynhyrchion sy'n Gweithio				
5 Dadansoddi a Dylunio Cynhyrchion i Fodloni Briff				
6 Manylebau Dylunio				
7 Gwerthuso Syniadau Dylunio				
8 Cyflwyno Uned 1				
9 Rheoli a Gwerthuso Cynhyrchu				
10 Iechyd a Diogelwch yn y Gweithdy				
11 Offer a Chyfarpar Peirianyddol				
12 Prosesau Peirianyddol				
13 Cyflwyno Uned 2				
14 Effeithiau Cyflawniadau Peirianyddol				
15 Peirianneg a'r Amgylchedd				
16 Technegau Mathemategol ar gyfer Peirianneg				

1 Lluniadau Peirianyddol

Yn y bennod hon, rydych chi'n mynd i wneud y canlynol:

→ Dysgu am safoni

→ Darganfod sut i ddefnyddio safonau wrth greu lluniadau technegol

→ Dysgu sut i greu:
- lluniadau isometrig
- lluniadau rhandoredig
- lluniadau taenedig
- tafluniadau orthograffig 3edd ongl a lluniadau trychiadol.

Bydd y bennod hon yn ymdrin â'r meysydd canlynol ym manyleb CBAC:

Uned 1 DD2 Gallu cyfleu datrysiadau dylunio	
MPA2.1 Lluniadu datrysiadau dylunio peirianyddol	Lluniadu (gan ddefnyddio Safonau Prydeinig): tafluniadau orthograffig 3edd ongl; isometrig; dimensiynau a symbolau cysylltiedig – diamedr, cylchedd, radiws, uchder, dyfnder, lled; confensiynau – bloc teitl, llinellau dimensiwn, llinellau estyn, llinellau canol, unedau mesur metrig; manylion cudd; graddfa
Uned 2 DD1 Gallu dehongli gwybodaeth beirianyddol	
MPA1.1 Dehongli lluniadau peirianyddol	Dehongli: symbolau; confensiynau; gwybodaeth; cyfrifiadau Ffynonellau: brasluniau; lluniadau; manylebau dylunio
MPA1.2 Dehongli gwybodaeth beirianyddol	Gwybodaeth beirianyddol: siartiau data; taflenni data; taflenni tasgau; manylebau; goddefiannau
Uned 3 DD4 Gallu datrys problemau peirianyddol	
MPA4.2 Trawsnewid rhwng brasluniau isometrig a thafluniadau orthograffig 3edd ongl	Trawsnewid: golygon trychiadol; llinellau llunio; llinellau canol; manylion cudd; confensiynau safonol

Rhagymadrodd

Mae Peirianwyr yn creu ac yn defnyddio lluniadau yn gyson fel rhan o'u swyddi o ddydd i ddydd. Mae lluniadau'n galluogi Peirianwyr i 'weld' siâp ffisegol cynnyrch, edrych ar ffyrdd o gydosod rhywbeth, ac adnabod y gwahanol olygon ar gynnyrch, yn ogystal â nodi pwyntiau pwysig fel dimensiynau, defnyddiau a manylion cudd.

Mae lluniadau gan Beirianwyr yn cael eu defnyddio i weithgynhyrchu cynhyrchion o PlayStations i awyrennau i nendyrau, ac mae angen i'r rhain i gyd fod yn eithriadol o fanwl gywir. Byddai unrhyw gamgymeriad yn y lluniadau'n cael ei drosglwyddo i'r cynnyrch gwirioneddol yn ystod y cam gweithgynhyrchu a allai olygu colli symiau enfawr o ran amser ac arian. Dyma pam mae angen SAFONI pob lluniad technegol modern.

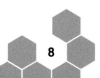

Safonau lluniadu

Mae llawer o sefydliadau ledled y byd sy'n safoni'r holl gynhyrchion a gwasanaethau mae pobl yn eu defnyddio, e.e. socedi plwg, papur a manylebau technegol ar gyfer prosesau diwydiannol. Wrth luniadu, rhaid i Beirianwyr yn y Deyrnas Unedig gydymffurfio â safonau'r ddau sefydliad canlynol:

Cyfundrefn Safonau Rhyngwladol (ISO)

a'r

Sefydliad Safonau Prydeinig (BSI)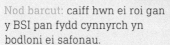

Mae'r ISO a'r BSI wedi datblygu fformat cydnabyddedig i **safoni** lluniadau technegol. Os yw Peiriannydd yn y Deyrnas Unedig yn cynhyrchu set o luniadau technegol ar gyfer cynnyrch fydd yn cael ei weithgynhyrchu mewn ffatri yn China, er enghraifft, byddai angen set o luniadau safonedig. Byddai defnyddio lluniadau safonedig yn galluogi'r gwneuthurwyr yn China i ddeall y wybodaeth dechnegol yn glir ac yn fanwl gywir. Mae lluniadau sydd wedi'u creu â safonau'r ISO a'r BSI yn cael eu cydnabod ledled y byd (mae'r ISO a'r BSI yn gweithio gyda'i gilydd i greu'r un safonau yn union).

Y rhifau safoni ar gyfer lluniadu technegol yw:
* **ISO 128**
* **BSI 8888:2017**.

Trefnu a chyfarpar

I lwyddo i ddysgu'r sgiliau sydd eu hangen ar gyfer technegau lluniadu peirianyddol, byddai rhywfaint o gyfarpar o gymorth. Dyma rai awgrymiadau:

Lluniadu
* 1 × Set o bensiliau graffeg (3H i 3B) i luniadu a braslunio
* 1 neu 2 feiro du llinell fain i amlygu llinellau mewn lluniad neu fraslun
* 1 × Riwl ddur (neu bren mesur safonol)
* 1 × Onglydd 180°
* 1 × Sgwaryn 45°
* 1 × Sgwaryn 30°
* 1 × Cwmpawd
* 1 × Rwbwr
* 1 × Llyfr braslunio A3 (mae ansawdd is yn iawn).

Trefnu
* 1 × Ffeil fodrwy A4 (gyda neu heb bocedi plastig)
* 1 × Portffolio plastig A3.

Materion sylfaenol

Wrth luniadu, ym maes peirianneg mae angen i chi ddilyn rheolau sylfaenol yn ogystal â deall sut mae eich cyfarpar yn gweithio. Dyma rai awgrymiadau i'ch helpu i ddechrau arni.

↑ *Nod barcut.*

Term allweddol

Nod barcut: caiff hwn ei roi gan y BSI pan fydd cynnyrch yn bodloni ei safonau.

Pensiliau a llinellau

———————————————————— Pensil 3H

———————————————————— Pensil 2H

———————————————————— Pensil H

———————————————————— Pensil HB

———————————————————— Pensil B

———————————————————— Pensil 2B

———————————————————— Pensil 3B

———————————————————— Beiro llinell fain (inc du)

Llinellau tenau ysgafn → Llinellau llunio

Llinellau tenau tywyll → Llinellau trwchus

→ Llinellau trwchus

Term allweddol

Llinellau llunio: llinellau ysgafn, tenau sy'n hawdd eu rhwbio i ffwrdd.

Cyngor

Wrth lunio lluniad, cofiwch y frawddeg:'ysgafn sy'n iawn'.

Wrth greu lluniad, yn gyntaf mae angen i chi lunio'r siâp cyffredinol gan ddefnyddio llinellau llunio. Llinellau tenau, ysgafn yw'r rhain sy'n hawdd eu rhwbio i ffwrdd.

↑ *Triongl (chwith) a phetryal (dde) wedi'u llunio â llinellau llunio.*

Term allweddol

Llinellau trwchus: i ddiffinio'r gwrthrych rydych chi'n ei luniadu i'w gwneud hi'n haws gweld pa linellau i'w cadw a pha rai i'w dileu.

Wrth 'amlinellu' siâp eich lluniad byddwch chi'n defnyddio llinellau trwchus. Mae'r llinellau trwchus yn diffinio'r gwrthrych rydych chi'n ei luniadu ac yn ei gwneud hi'n haws gweld pa linellau i'w cadw a pha linellau i'w dileu.

Tasg 1.1

Ar ddalen A3, labelwch y llinellau mae eich pensil yn eu gwneud. Yna lluniadwch siapiau syml a'u hamlinellu nhw â llinellau trwchus.

↑ *Triongl (chwith) a phetryal (dde) wedi'u hamlinellu â llinellau mwy trwchus.*

Lluniadu isometrig

Mae lluniadu isometrig yn ffordd safonedig (ISO, BSI) o gyflwyno dyluniadau a lluniadau mewn 3D. Mae lluniadu isometrig hefyd yn ffordd 'ffurfiol' o gyflwyno delweddau 3D ac yn cael ei ddefnyddio mewn llawer o wahanol ffyrdd i gyfleu gwybodaeth fel manylion technegol a chyfarwyddiadau cydosod. Isometrig hefyd yw'r golwg sy'n cael ei ddefnyddio ar gyfer llawer o gemau fideo 'o'r top i lawr' a hefyd ar gyfer CAD, gan fod y golwg 3D yn hawdd ei ddeall a llywio o'i gwmpas.

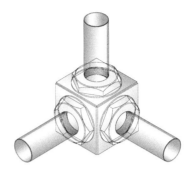

↑ *Delwedd isometrig o'r gêm fideo 'Age of Empires'.*

Mae'r enghraifft ganlynol wedi'i lluniadu gan ddefnyddio sgwaryn 30°; caiff pob lluniad ei luniadu ar 30° (o'r llorwedd) mewn tafluniad isometrig. Mewn tafluniad isometrig, mae'r llinellau fertigol ar wrthrych i gyd yn aros yn fertigol a'r llinellau eraill i gyd yn cael eu lluniadu ar 30° i'r llorwedd. Rydyn ni fel arfer yn defnyddio cyfarpar lluniadu neu CAD i wneud lluniadau isometrig i sicrhau eu bod nhw'n fanwl gywir. Wrth ddechrau, gallwch chi ddefnyddio papur grid isometrig i'ch helpu.

↓ *Grid isometrig y gallwch chi ei ddefnyddio i ddargopïo.*

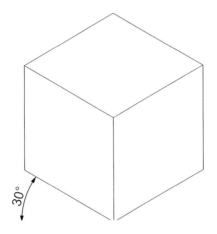

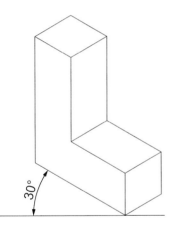

Mae tri phlân mewn lluniadau isometrig. Dim ond dau blân sy'n cael eu defnyddio mewn lluniadau dau ddimensiwn (2D): X ac Y . Fodd bynnag, mae tri phlân mewn lluniadau 3D: yr echelinau X, Y a Z; Z sy'n cynrychioli'r trydydd dimensiwn.

Term allweddol

Echelin: y cyfeiriad teithio o bwynt sefydlog (echelinau X, Y a Z).

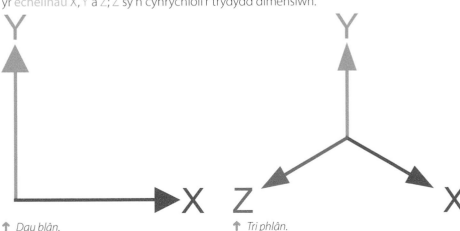

↑ *Dau blân.*

↑ *Tri phlân.*

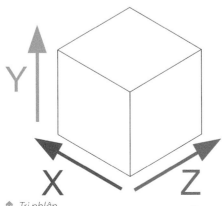

↑ *Tri phlân.*

Llunio lluniadau isometrig

Nawr rydyn ni'n mynd i lunio ein ciwboid isometrig cyntaf. Bydd angen: pensil ar gyfer LLINELLAU LLUNIO, pensil ar gyfer LLINELLAU TRWCHUS, darn o bapur A3 (tirlun) a sgwaryn 30°.

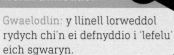

Term allweddol

Gwaelodlin: y llinell lorweddol rydych chi'n ei defnyddio i 'lefelu' eich sgwaryn.

Tasg 1.2

Ar ddalen o bapur A3, dilynwch y canllaw isod i greu eich cawell isometrig cyntaf.
1. Gan ddefnyddio eich pensil H, lluniadwch linell lorweddol i ffurfio eich gwaelodlin.
2. Gan ddefnyddio eich sgwaryn 30°, lluniadwch linell fertigol o ganol eich gwaelodlin.
3. Lluniadwch linell 30° fel y gwelwch chi isod.

1. **2.** **3.**

4. Trowch eich sgwaryn y ffordd arall a lluniadwch linell 30° arall sy'n croestorri â'r llinell 30° gyntaf.
5. Codwch eich sgwaryn a lluniadwch linell 30° arall.
6. Trowch eich sgwaryn y ffordd arall a lluniadwch linell 30° arall sy'n croestorri â'r llinell 30° ddiwethaf.

Cyngor

Dylai pob llinell ar yr un plân fod yn baralel.

4. **5.** **6.**

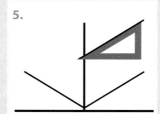
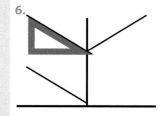

7. Trowch eich sgwaryn a lluniadwch linell fertigol arall.
8. Symudwch eich sgwaryn a lluniadwch linell fertigol arall.
9. Trowch eich sgwaryn a lluniadwch linell 30° arall sy'n croestorri â'r llinell fertigol.

7. **8.** **9.**

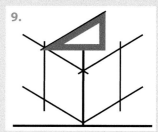

10. Trowch eich sgwaryn y ffordd arall a lluniadwch linell 30° arall sy'n croestorri â'r llinell fertigol ddiwethaf.
11. Nawr mae gennych chi giwboid isometrig cyflawn mewn llinellau llunio.
12. Amlygwch eich siâp 3D â llinellau trwchus.

Cyngor

Ar ôl cwblhau eich lluniad, **PEIDIWCH** â rhwbio'r llinellau llunio i ffwrdd; y rhain sy'n dangos y 'gwaith cyfrifo' ... yn union fel mathemateg.

10. **11.** **12.**

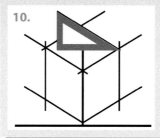
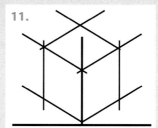
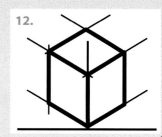

Llunio siapiau isometrig

Nawr eich bod chi'n gwybod sut i lunio ciwboid isometrig, gallwch chi ddefnyddio'r lle hwnnw i greu siapiau eraill. Rydyn ni'n galw llunio ciwboid yn llunio cawell. Y tu mewn i'r cawell hwn, gallwch chi nawr gynhyrchu siapiau eraill.

Wrth i artistiaid greu lluniau, maen nhw fel arfer yn adeiladu haen ar ben haen ac yn deall sut mae un haen yn effeithio ar y llall i gynhyrchu lluniau realistig (e.e. deall ffisioleg anifail i adeiladu'r sgerbwd, y cyhyrau, y croen a'r blew/ffwr). Mae Peirianwyr yn fwy tebyg i gerflunwyr, sy'n dechrau â bloc o ddefnydd ac yn dileu'r holl ddefnydd diangen i adael y siâp sydd ei angen (dychmygwch y cawell fel bloc o iâ neu farmor). Dyma rai ffyrdd o ddileu defnydd o gawell i gynhyrchu'r ddelwedd sydd ei hangen.

Term allweddol

Cawell: y 'blwch' 3D rydych chi'n ei lunio ar ddechrau eich lluniadau isometrig.

Dileu defnydd

1. Lluniwch gawell isometrig.

2. Trimiwch eich cawell i'r maint sydd ei angen gan ddefnyddio llinellau fertigol a 30°.

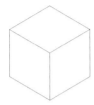

3. Nodwch y siâp sydd ei angen a thynnwch y defnydd diangen.

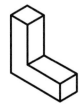

↑ Dychmygwch gerflunydd iâ yn cerfio cerflun â llif gadwyn.

4. Amlygwch eich siâp â llinellau trwchus a dilëwch y llinellau llunio.

Cyngor

Wrth lunio eich lluniad isometrig ... os yw'n edrych yn anghywir, mae'n anghywir (felly mae angen i chi ei gywiro). Dylech chi ymddiried yn yr hyn rydych chi'n ei weld.

5. Gorffennwch drwy dywyllu neu rendro os oes angen.

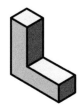

Allwthio siapiau

Gallwch chi hefyd ddefnyddio ciwboidau isometrig i 'allwthio' proffiliau drwy un plân i greu gwrthrychau 3D. Allwthiadau yw proffiliau sydd wedi cael eu hestyn, yn debyg iawn i brismau.

1. Dewiswch wyneb ar eich cawell isometrig a lluniadwch y siâp sydd ei eisiau. Gan ddefnyddio llinellau 30°, 'allwthiwch' eich siâp ar wyneb cefn/ôl eich ciwb isometrig.

Termau allweddol

Planau: yr echelinau (cyfeiriadau) X, Y a Z lle rydych chi'n creu.
Allwthiadau: proffiliau sydd wedi cael eu hestyn.

2. Unwch y ddau broffil â llinellau 30° â phwyntiau'r manylion (corneli ac ati).

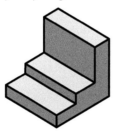

3. Ar ôl defnyddio llinellau trwchus i amlygu eich siâp, dilëwch y llinellau llunio a gorffennwch yn ôl yr angen.

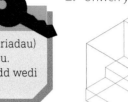

Tasg 1.3

Yn eich llyfrau braslunio, lluniadwch luniadau isometrig o'r siapiau 3D isod. Gwnewch yn siŵr eich bod chi'n dechrau'r ymarfer hwn drwy lunio cewyll isometrig a gweithio o fewn 'gofod' y cawell. DOES DIM rhaid i'ch lluniadau fod yn fanwl gywir o ran dimensiynau.

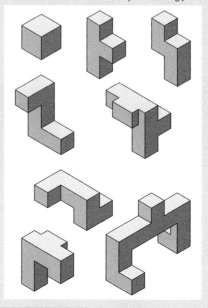

Onglau a chromliniau isometrig

Onglau

Dydy'r holl gynhyrchion rydyn ni'n eu gweld a'u defnyddio ddim wedi'u llunio o sgwariau, ymylon gwastad a chiwboidau. Mae'r mwyafrif helaeth o eitemau rydyn ni'n eu gweld a'u defnyddio bob dydd wedi'u gwneud o onglau, cromliniau a chylchoedd, yn ogystal â sgwariau a chiwboidau. Mae angen i Beirianwyr allu cyfleu POB siâp yn glir ac yn effeithiol, gan gynnwys onglau a chromliniau.

Yn yr adran hon, byddwn ni'n edrych ar ONGLAU a sut i'w llunio nhw'n isometrig.

Onglau mewn un plân:

1. Lluniwch gawell isometrig.

2. Dewiswch wyneb, lluniadwch linell ar ongl o un gornel i'r gornel gyferbyn ac yna allwthiwch y llinell ar ongl hyd at wyneb cyferbyn y cawell.

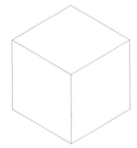

3. Amlygwch eich siâp onglog â llinellau trwchus a rhwbiwch y llinellau llunio allan.

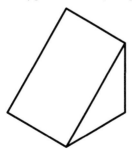

4. Gorffennwch eich siâp onglog newydd drwy ei dywyllu os oes angen.

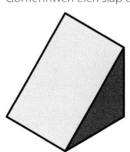

Onglau mewn dau blân:

1. Lluniwch gawell isometrig, dewiswch wyneb ac allwthiwch linell onglog drwy un plân.

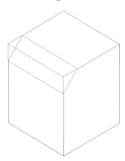

2. Ailadroddwch Gam 1 ond gan allwthio eich ongl drwy ail blân.

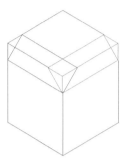

3. Ailadroddwch Gamau 1 a 2 ond ar waelod eich cawell isometrig.

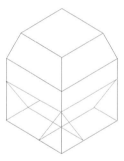

4. Ar ôl amlygu eich siâp â llinellau trwchus, rhwbiwch y llinellau llunio allan a gorffennwch/tywyllwch os oes angen.

Tasg 1.4

Ar ddalen A3, lluniwch dri chawell a lluniadwch siapiau sy'n cynnwys onglau. Ceisiwch ddefnyddio pob un o'r tri phlân ar gyfer eich lluniad terfynol.

Cylchoedd a chromliniau yn isometrig

Wrth luniadu cylchoedd a chromliniau yn 3D rhaid i chi ystyried persbectif y gwrthrych. Mae lluniadau isometrig yn defnyddio rhywbeth o'r enw persbectif acsonometrig. Mae persbectif acsonometrig (golwg isometrig) yn gynrychioliad 'darluniadol' o wrthrychau 3D, yn hytrach na golwg go iawn o sut rydyn ni'n gweld y byd. Mae gwir bersbectif yn dangos llinellau'n diflannu i'r pellter ac yn cydgyfeirio mewn un neu fwy o bwyntiau (diflanbwyntiau) ond mae lluniad isometrig yn dangos llinellau paralel (llinellau 30°). Manteision tafluniadau acsonometrig yw eu bod nhw'n glir ac yn hawdd eu deall gan eu bod nhw'n cael eu defnyddio mewn fformatau lluniadu cydnabyddedig (ISO, BSI) fel isometrig, maen nhw'n fanwl gywir, a gallwn ni ychwanegu dimensiynau atyn nhw.

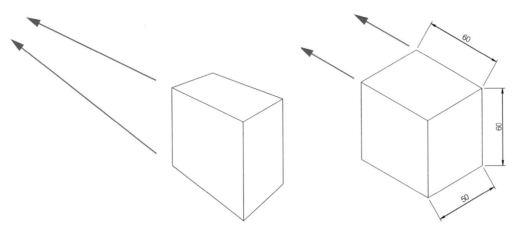

↑ *Enghreifftiau o bersbectif. Mae'r ddelwedd ar y chwith wedi'i lluniadu mewn gwir bersbectif, lle mae'r llinellau paralel yn cydgyfeirio tuag at ddiflanbwynt; mae'r ddelwedd ar y dde'n enghraifft o luniad acsonometrig. Mae'r llinellau'n baralel, felly gallwch chi ychwanegu dimensiynau a rhoi rhagor o wybodaeth dechnegol i'r darllenydd. Mewn persbectif, mae llinellau'n cydgyfeirio.*

Rydyn ni'n galw cylchoedd mewn lluniadau isometrig yn elipsau. Wrth edrych ar silindr (er enghraifft, tun o ffa pob neu ddiod cola) rydych chi'n gwybod bod top a gwaelod y silindr yn gylchoedd. Fodd bynnag, elips rydych chi'n ei weld mewn gwirionedd.

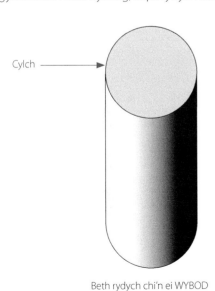

Cylch

Elips

Beth rydych chi'n ei WYBOD

Beth rydych chi'n ei WELD

↑ *Pa un o'r ddau luniad 3D hyn sy'n edrych yn gywir?*

Wrth drafod elipsau, rydyn ni'n aml yn sôn am yr ECHELIN HWYAF a'r ECHELIN LEIAF. Mae'r diagram ar y dde'n dangos beth yw'r rhain.

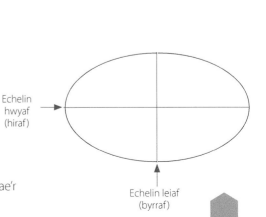

Echelin hwyaf (hiraf)

Echelin leiaf (byrraf)

Elipsau isometrig

Mae llawer o ddulliau o luniadu elipsau manwl gywir, gan ddefnyddio cyfarpar lluniadu sylfaenol fel pren mesur, sgwaryn, cwmpawd a phensil. Mae'r dulliau hyn yn cynnwys:

Y dull braslunio llawrydd	Caiff hwn ei ddefnyddio wrth fraslunio syniadau neu ymarfer eich lluniadu isometrig. Dim ond pensil sydd ei angen ar gyfer y dull hwn.
Y dull cylchoedd cydganol	Defnyddio dau gylch cydganol gydag echelinau hwyaf a lleiaf y 'diemwnt' isometrig. Mae angen cwmpawd, pren mesur a phensil ar gyfer y dull hwn.
Y dull hirgylchwr	Defnyddio echelinau hwyaf a lleiaf 'diemwnt' isometrig yn ogystal â stribed o bapur fel hirgylchwr. Mae angen pren mesur, pensil a hirgylchwr ar gyfer y dull hwn.
Y dull pedwar canol	Defnyddio'r cylch gwreiddiol a chyfres o ganolbwyntiau ac arcau wedi'u lluniadu i greu elips isometrig. Mae angen pren mesur, cwmpawd a phensil ar gyfer y dull hwn.

Tasg 1.5

Gan ddefnyddio'r canllaw dull pedwar canol isod, lluniwch elips ar ddalen o bapur A3.

Y dull pedwar canol:
1. Lluniadwch gylch â'r diamedr gofynnol (ar gyfer echelin hwyaf yr elips) mewn sgwâr.
2. Chwarterwch y cylch/sgwâr.
3. Tynnwch linell o bwynt A i bwynt B ac o bwynt C i bwynt D.
4. Ailadroddwch y broses, ond o'r corneli cyferbyn.

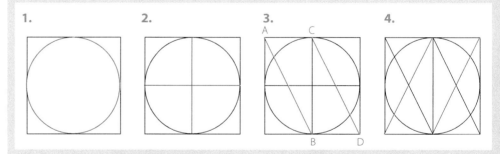

5. Gan ddefnyddio cwmpawd, rhowch y canol metel ym mhwynt E a'r pensil ym mhwynt F, a lluniadwch arc rhwng pwyntiau F a G. Ailadroddwch hyn ar yr ochr arall.
6. Gan ddefnyddio cwmpawd, rhowch y canol metel ym mhwynt H a lluniadwch arc rhwng pwyntiau I a J. Ailadroddwch hyn ar yr ochr arall.
7. Amlinellwch eich elips â llinellau trwchus. Gorffennwch.

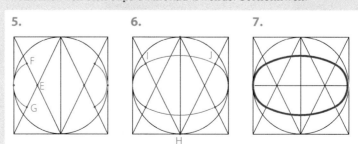

Wrth luniadu elipsau isometrig gallwch chi luniadu yn un o'r tri phlân gwahanol (X, Y a Z).

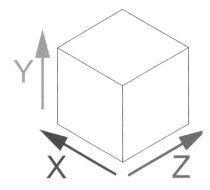 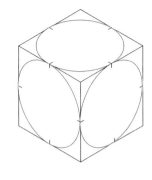 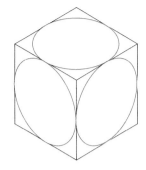 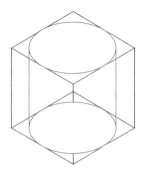

⬆ *Elipsau wedi'u lluniadu mewn tri phlân.*

⬆ *Creu silindr drwy luniadu dau elips mewn un plân.*

Wrth fraslunio'n llawrydd yn isometrig i gynhyrchu syniadau cyflym neu hyd yn oed wrth drafod syniadau â chleientiaid a chwsmeriaid, gallwch chi ddilyn y rheolau syml hyn:

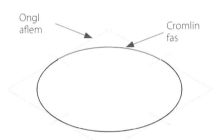

Ongl aflem

Cromlin fas

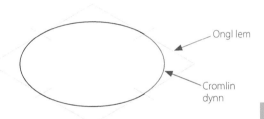

Ongl lem

Cromlin dynn

⬆ *Lluniadwch GROMLIN FAS pan fydd gennych chi ONGL AFLEM.*

⬆ *Lluniadwch GROMLIN DYNN pan fydd gennych chi ONGL LEM.*

Term allweddol

Ffiledau: **corneli crwm.**

Tasg 1.6

Lluniadu bwrdd coffi ffasiynol

Copïwch y lluniadau isod i'ch nodiadur ac yna, gan ddefnyddio'r cyfarpar cywir (sgwaryn, pren mesur), cwblhewch yr ymarfer lluniadu, gan ddangos y sgiliau rydych chi wedi'u dysgu hyd yn hyn. Gallwch chi luniadu'r ffiledau yn llawrydd.

1.

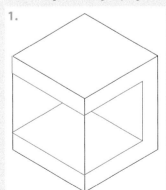

2.

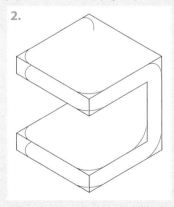

3.

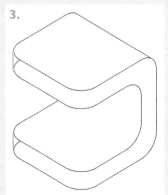

4.

Lluniadwch gawell isometrig a dilëwch y rhan fwyaf o'r darn canol.

Yn llawrydd, lluniadwch rannau o elipsau ar y ddau blân nes eich bod chi wedi creu ffiledau ar y corneli a'r ymylon.

Cysylltwch y ffiledau cornel a rhwbiwch allan y llinellau cornel lle mae'r ffiledau.

Amlygwch siâp y bwrdd coffi â llinellau trwchus a'i dywyllu.

Lluniadau rhandoredig

Mae lluniadau rhandoredig wedi'u dylunio i ddangos rhannau pwysig o du mewn gwrthrych neu gynnyrch didraidd (gwrthrych dydych chi ddim yn gallu gweld i mewn iddo oherwydd bod ganddo du allan/cas solet). Caiff hyn ei wneud drwy 'dorri' rhannau o'r tu allan a gadael rhannau eraill o'r tu allan yn gyflawn. Drwy wneud hyn, gallwch chi ddangos llawer o nodweddion pwysig cynhyrchion fel cynllun mewnol y seddau ar awyren, y pistonau'n symud mewn peiriant neu sut mae cydrannau mewnol dril yn ffitio yn y casin. Mae lluniadau rhandoredig hefyd yn dangos y *rhannau gwahanol* mewn cynnyrch a sut mae un rhan yn gallu rhyngweithio ag un arall.

Llunio lluniad rhandoredig

Wrth lunio lluniadau rhandoredig, rydych chi'n ceisio cyfleu i'r darllenydd wybodaeth sy'n gallu bod yn gymhleth iawn ar adegau. Drwy ddilyn cyfres o ganllawiau sydd wedi'u profi, bydd y lluniad gorffenedig yn haws ei lunio a hefyd bydd yn haws ei ddeall.

CANLLAWIAU
* Lluniwch eich lluniad rhandoredig yn isometrig.
* Wrth luniadu eich cynnyrch, meddyliwch amdano fel rhannau gwahanol, nid fel un cynnyrch cyfan.
* Dim ond rhan o'r tu allan gaiff ei 'thorri i ffwrdd'.
* Bydd pob rhan sydd wedi'i 'thorri' yn cael ei lliniogi.
* Lle mae dwy ran wahanol yn cyfarfod, ceisiwch luniadu'r lliniogi i'r cyfeiriad dirgroes.

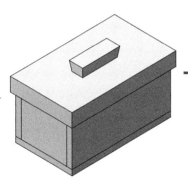

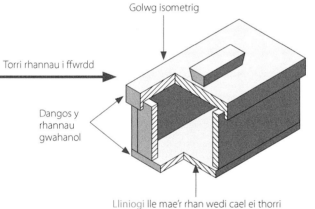

Golwg isometrig

Torri rhannau i ffwrdd

Dangos y rhannau gwahanol

Lliniogi lle mae'r rhan wedi cael ei thorri

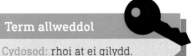

Tasg 1.7

Cymerwch wrthrych syml o'ch tŷ (blwch gemwaith, beiro, potel yfed, ac ati) a chynhyrchwch luniad rhandoredig isometrig.

Lluniadau taenedig

Rydyn ni'n creu lluniadau taenedig i ddangos y darnau gwahanol sydd mewn cynnyrch a sut maen nhw wedi'u cydosod. Mae'n debyg y byddwch chi wedi defnyddio lluniadau taenedig wrth ddefnyddio llawlyfrau cyfarwyddiadau i gydosod dodrefn neu rai teganau. Maen nhw hefyd yn gymorth darluniadol gwych i ddangos y gydberthynas rhwng holl ddarnau cydrannol cynnyrch.

I ddechrau, mae lluniadau taenedig yn edrych yn eithaf cymhleth. Mewn gwirionedd, maen nhw'n lluniadau isometrig syml sy'n dibynnu'n llwyr ar y sgiliau lluniadu syml sydd wedi'u dangos yn barod yn y bennod hon.

Llunio lluniad taenedig

Dychmygwch fod cynnyrch yn ffrwydro … yna'n rhewi mewn amser. Dylai'r canlyniad ddangos y darnau i gyd wedi'u gwahanu ychydig bach. Os ydych chi yna'n gwrthdroi'r ffrwydrad yn araf, gallwch chi weld sut mae'r darnau i gyd yn mynd at ei gilydd. Isod fe welwch chi rai awgrymiadau defnyddiol ynglŷn â sut i greu lluniad taenedig:

- Cofiwch luniadu eich lluniad taenedig yn isometrig.
- Meddyliwch amdano fel gwahanol ddarnau, nid fel y cynnyrch cyfan.
- Defnyddiwch yr un llinellau tafluniad ar gyfer darnau sydd gyferbyn â'i gilydd.

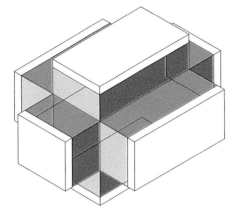 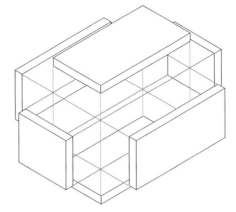 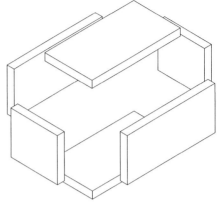

↑ *Mae'r lluniad taenedig hwn wedi cael ei lunio gan ddefnyddio tri chawell isometrig. Mae'r tri chawell i gyd yn 'croestorri' yn y canol. Mae angen defnyddio pob un o'r tair echelin wrth estyn neu allwthio'r cewyll.*

↑ *Mae'r lluniad taenedig wedi cael ei lunio gan ddefnyddio llinellau tafluniad. Edrychwch sut mae un darn wedi cael ei luniadu ac yna ei allwthio gan ddefnyddio llinellau tafluniad. Mae'r darnau wedi cael eu taflunio ar hyd y planau X, Y a Z.*

↑ *Os ydych chi'n dileu'r llinellau llunio ac yn defnyddio llinellau trwchus i amlinellu eich lluniad, fe gewch chi luniad taenedig terfynol sy'n hawdd ei ddeall.*

Tafluniadau orthograffig

Mae tafluniadau orthograffig yn lluniadau safonedig (ISO, BSI) sy'n cynnwys yr holl wybodaeth dechnegol berthnasol sydd ei hangen er mwyn i drydydd parti allu gwneud y darn neu'r cynnyrch. Mae Peirianwyr yn rheolaidd yn dylunio darnau a chynhyrchion fyddai'n cael eu gweithgynhyrchu yn rhywle arall, yn aml mewn gwledydd eraill fel China. Felly, mae angen i'r lluniadau fod yn eithriadol o fanwl gywir a chyfleu'r holl wybodaeth hanfodol yn glir ac yn effeithlon. Mae lluniadau safonedig yn galluogi unrhyw un sy'n darllen y lluniad i'w ddeall, gan ei fod yn cydymffurfio â'r safonau perthnasol gan yr ISO a'r BSI. Mae tafluniadau orthograffig yn aml yn cael eu galw'n lluniadau technegol, **lluniadau gweithio** neu **luniadau peirianyddol** ac maen nhw'n gallu cynnwys llawer o gonfensiynau perthnasol fel:

- golygon gwahanol
- dimensiynau
- graddfa
- defnyddiau
- manylion cudd
- llinellau canol
- gorffeniadau
- golygon trychiadol
- dyddiad cynhyrchu'r lluniad
- enw'r Peiriannydd/Dylunydd
- symbol 'ongl'
- teitl
- rhestr ddarnau
- prosesau gweithgynhyrchu.

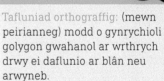

Mae tafluniadau orthograffig yn cael eu llunio gan ddefnyddio golygon gwahanol ar y darn/cynnyrch. Mae hyn yn galluogi'r darllenydd i weld manylion allai fod yn gudd ar adegau. Y golygon sy'n cael eu dangos fel arfer yw:

- **blaenolwg**
- **ochrolwg**
- uwcholwg
- golwg isometrig neu drychiadol weithiau.

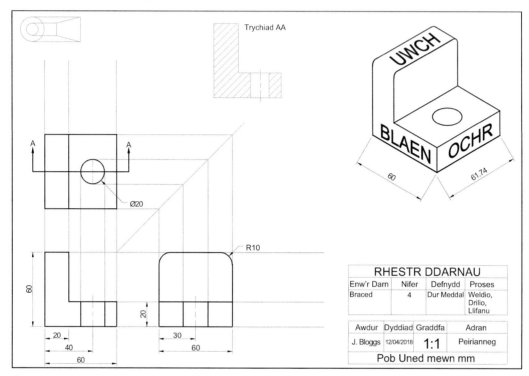

↑ *Enghraifft o dafluniad orthograffig.*

RHESTR DDARNAU			
Enw'r Darn	Nifer	Defnydd	Proses
Braced	4	Dur Meddal	Weldio, Drilio, Llifanu

Awdur	Dyddiad	Graddfa	Adran
J. Bloggs	12/04/2018	1:1	Peirianneg
Pob Uned mewn mm			

Mae dau ddull gwahanol o luniadu tafluniadau orthograffig. Y gwahaniaeth yw'r golygon rydych chi'n dewis eu dangos.

Isod mae enghreifftiau o dafluniad orthograffig ongl 1af a 3edd ongl sy'n dangos sut mae'r golygon gwahanol ar ddarn neu gynnyrch 3D wedi'u cynllunio.

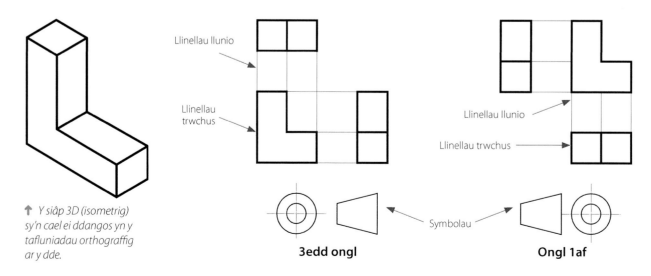

↑ *Y siâp 3D (isometrig) sy'n cael ei ddangos yn y tafluniadau orthograffig ar y dde.*

Yn ogystal â chynrychioliadau o'r siâp 3D, gallwch chi weld hefyd y 'symbolau' rydyn ni'n eu defnyddio i ddangos pa fath o luniad sy'n cael ei ddangos (ongl 1af neu 3edd ongl). Mae'r symbol yn seiliedig ar siâp 3D sy'n edrych fel cysgodlen lamp solet neu gôn â'r top wedi'i dorri i ffwrdd.

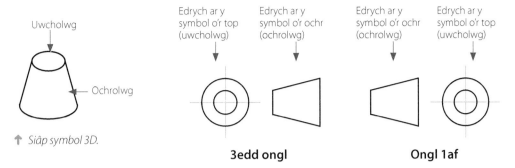

Uwcholwg

Ochrolwg

↑ *Siâp symbol 3D.*

Edrych ar y symbol o'r top (uwcholwg)

Edrych ar y symbol o'r ochr (ochrolwg)

Edrych ar y symbol o'r ochr (ochrolwg)

Edrych ar y symbol o'r top (uwcholwg)

3edd ongl

Ongl 1af

Tafluniadau orthograffig trydedd ongl

Yn yr adran hon, byddwch chi'n dysgu sut i luniadu tafluniadau orthograffig 3edd ongl.

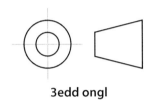

3edd ongl

Mae'r ffordd rydych chi'n 'cylchdroi' y gwrthrych 3D i greu'r golygon mewn tafluniad orthograffig 3edd ongl yn benodol iawn. Mae'n rhaid i chi droi'r gwrthrych 90° i'r cyfeiriad cywir.

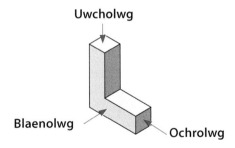

Uwcholwg

Blaenolwg

Ochrolwg

Mae safle cywir pob golwg yn cael ei ddangos isod. Dylai'r canlyniad terfynol fod yn fanwl gywir a dylid ei gwblhau gan ddefnyddio'r cyfarpar lluniadu cywir neu ddylunio drwy gymorth cyfrifiadur (CAD).

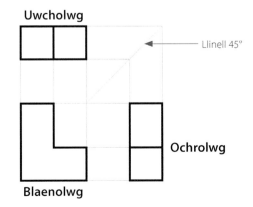

Uwcholwg

Llinell 45°

Ochrolwg

Blaenolwg

Mae'r diagram isod yn dangos sut mae'r gwrthrych 3D yn cael ei gylchdroi i ddangos pob un o'r golygon ar gyfer tafluniad orthograffig 3edd ongl:

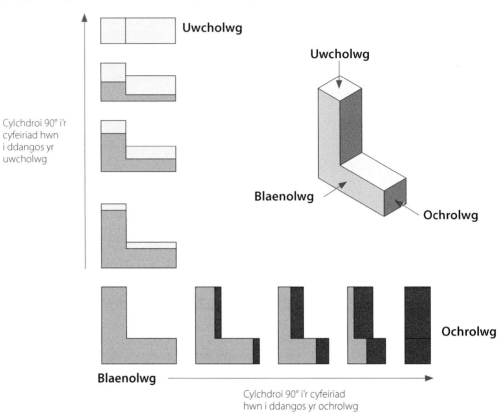

Cylchdroi 90° i'r cyfeiriad hwn i ddangos yr uwcholwg

Uwcholwg

Uwcholwg

Blaenolwg

Ochrolwg

Blaenolwg

Cylchdroi 90° i'r cyfeiriad hwn i ddangos yr ochrolwg

Ochrolwg

⬆ *Y gwrthrych 3D yn dangos pob golwg fydd i'w gweld.*

Mae'r diagram isod yn dangos sut mae'r gwrthrych 3D yn cael ei daflunio ar 'wal' i ddangos pob golwg ar gyfer tafluniad orthograffig 3edd ongl:

Tasg 1.8

Lluniadwch neu cymerwch rai gwrthrychau 3D syml a lluniwch dafluniadau orthograffig 3edd ongl ohonynt. Does dim rhaid i'r lluniadau fod yn fanwl gywir o ran dimensiynau. Ceisiwch gael y golygon yn y safleoedd cywir (blaen, uwch, ochr). Gwnewch hyn ar ddalen o bapur A3.

Cyngor

Treuliwch ychydig o amser yn dod i arfer â SUT mae'r gwrthrych yn symud o'r olwg wreiddiol (blaenolwg), fel yn y lluniadau ar y dde. Ymarferwch luniadu golygon gwahanol siapiau syml.

Uwcholwg

Blaenolwg

Ochrolwg

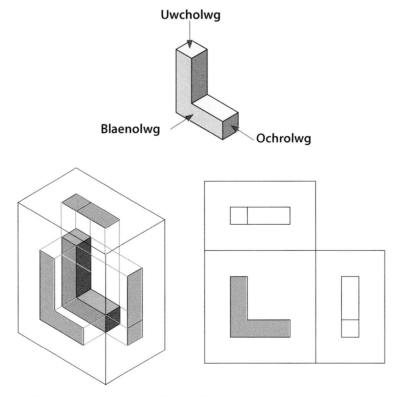

⬆ *Y gwrthrych 3D yn dangos pob golwg fydd i'w gweld.*

Dimensiynau

Mae dimensiynu eich lluniadau orthograffig yn bwysig iawn ac mae'n rhaid gwneud hyn yn fanwl gywir. Mae maint a siâp y cynnyrch ar ôl iddo gael ei wneud yn dibynnu ar y dimensiynau rydych chi'n eu defnyddio ar eich lluniad. I leihau unrhyw ddryswch wrth ddarllen lluniad orthograffig, mae'n rhaid i chi ddimensiynu mewn ffordd safonedig (BSI 8888:2017). Dyma rai rheolau syml:

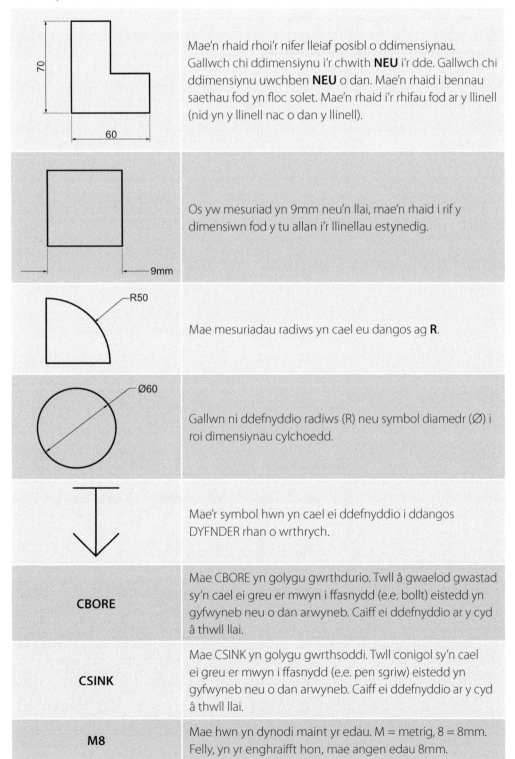

	Mae'n rhaid rhoi'r nifer lleiaf posibl o ddimensiynau. Gallwch chi ddimensiynu i'r chwith **NEU** i'r dde. Gallwch chi ddimensiynu uwchben **NEU** o dan. Mae'n rhaid i bennau saethau fod yn floc solet. Mae'n rhaid i'r rhifau fod ar y llinell (nid yn y llinell nac o dan y llinell).
	Os yw mesuriad yn 9mm neu'n llai, mae'n rhaid i rif y dimensiwn fod y tu allan i'r llinellau estynedig.
	Mae mesuriadau radiws yn cael eu dangos ag **R**.
	Gallwn ni ddefnyddio radiws (R) neu symbol diamedr (Ø) i roi dimensiynau cylchoedd.
	Mae'r symbol hwn yn cael ei ddefnyddio i ddangos DYFNDER rhan o wrthrych.
CBORE	Mae CBORE yn golygu gwrthdurio. Twll â gwaelod gwastad sy'n cael ei greu er mwyn i ffasnydd (e.e. bollt) eistedd yn gyfwyneb neu o dan arwyneb. Caiff ei ddefnyddio ar y cyd â thwll llai.
CSINK	Mae CSINK yn golygu gwrthsoddi. Twll conigol sy'n cael ei greu er mwyn i ffasnydd (e.e. pen sgriw) eistedd yn gyfwyneb neu o dan arwyneb. Caiff ei ddefnyddio ar y cyd â thwll llai.
M8	Mae hwn yn dynodi maint yr edau. M = metrig, 8 = 8mm. Felly, yn yr enghraifft hon, mae angen edau 8mm.

⬆ *Dylid dangos edau sgriw ar luniad orthograffig os oes angen sgriwiau.*

Llinellau

Rydyn ni'n defnyddio llawer o fathau gwahanol o linellau wrth lunio lluniad peirianyddol. Oherwydd bod cynifer o linellau o wahanol fathau'n cael eu defnyddio, rydyn ni wedi creu llinellau penodol i ddangos pethau penodol neu sy'n gwneud gwaith penodol. Dyma rai enghreifftiau cyffredin sy'n cydymffurfio â BSI 8888:2017 a beth maen nhw'n ei olygu.

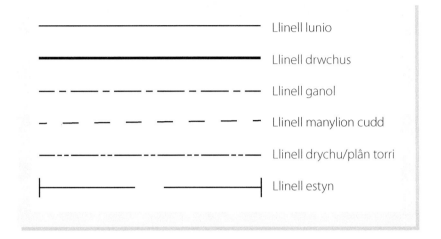

————————————	Llinell lunio
————————————	Llinell drwchus
— – — – — – —	Llinell ganol
– – – – – –	Llinell manylion cudd
—··— · — · — · —	Llinell drychu/plân torri
|———— ————|	Llinell estyn

Llinellau llunio a llinellau trwchus

Mae llinellau llunio'n denau/ysgafn iawn ac yn cael eu defnyddio i lunio'r siapiau rydych chi'n eu lluniadu. Eu pwrpas yw dweud wrthych chi beth yw safle pob gwrthrych.

Mae llinellau trwchus yn drymach/tywyllach ac yn cael eu defnyddio i ddiffinio neu amlygu y gwrthrych ei hun.

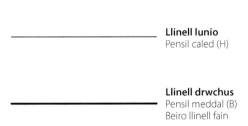

Llinell lunio
Pensil caled (H)

Llinell drwchus
Pensil meddal (B)
Beiro llinell fain

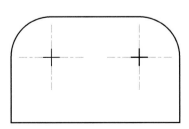

Llinellau canol

Rydyn ni'n defnyddio llinellau canol i ddangos canolbwynt gwrthrych crwn.

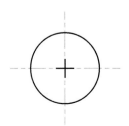

Llinellau manylion cudd

Yn eithaf aml, ar luniad orthograffig fe welwch chi wrthrychau â manylion fydd wedi'u cuddio wrth ddangos golwg penodol (e.e. uwcholwg, blaenolwg, ochrolwg, ac ati). Mae'n rhaid defnyddio llinellau toredig i ddangos y manylion cudd. Edrychwch ar y lluniad isod i weld sut mae llinellau toredig yn cael eu defnyddio i ddangos y twll yn y gwrthrych ar y blaenolwg a'r uwcholwg.

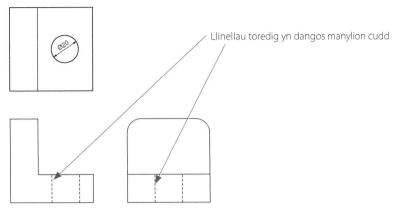

Llinellau toredig yn dangos manylion cudd

Llinellau trychu/plân torri

Ar rai golygon (uwcholwg, blaenolwg, ochrolwg) efallai y gwelwch chi linell drychu neu linell plân torri. Bydd 'lluniad trychiadol' yn ymddangos ar yr un dudalen.

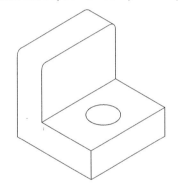

⬆ *Golwg isometrig o wrthrych.*

Uwcholwg

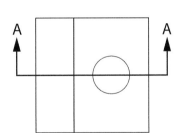

⬆ *Llinell drychu; mae cyfeiriad y saethau'n dangos pa ran o'r gwrthrych mae'r lluniad trychiadol yn ei dangos.*

Golwg trychiadol

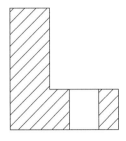

⬆ *Lluniad trychiadol yn dangos y rhan sydd i'w gweld. Mae'r lliniogi'n dangos lle mae'r rhan wedi cael ei thorri.*

Llinellau estyn

Mae'r llinellau estyn yn cael eu defnyddio i ddimensiynu ac maen nhw'n diffinio'r rhan sy'n cael ei dimensiynu. Dylai fod bwlch bach, cyson rhwng y gwrthrych rydych chi'n ei ddimensiynu a'r llinellau estyn.

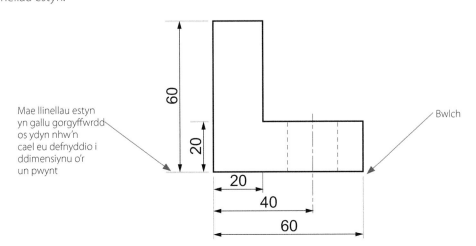

Mae llinellau estyn yn gallu gorgyffwrdd os ydyn nhw'n cael eu defnyddio i ddimensiynu o'r un pwynt

Bwlch

Lluniadau trychiadol

Mae **lluniadau trychiadol** yn dangos cynnyrch fel pe bai wedi cael ei dafellu neu ei drychu, fel eich bod chi'n gallu gweld y tu mewn (weithiau rydyn ni'n eu galw nhw'n **drawstoriadau**). Rydyn ni'n galw safle'r toriad dychmygol yn **blân trychu** neu'n **blân torri** ac yn ei luniadu â llinellau toredig hir a byr.

Bydd y darnau o'r cynnyrch sydd wedi cael eu *trychu* yn dangos lle maen nhw wedi cael eu torri drwy ddefnyddio **lliniogi**.

Rheolau lliniogi: pan fydd dau ddarn gwahanol o'r cynnyrch yn cwrdd mewn golwg trychiadol rhaid i'r lliniogi (geisio) mynd i gyfeiriadau dirgroes. Rhaid rhoi bylchau cyson rhwng yr holl linellau lliniogi (tua 5mm) ac mae'n rhaid iddynt fod ar 45°.

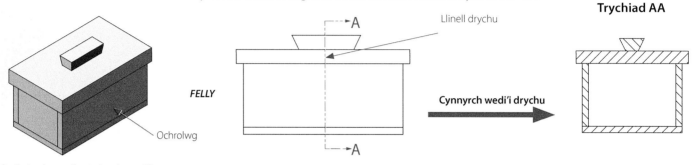

↑ *Ochrolwg tafluniad orthograffig.*

Tasg 1.9

Lluniadwch dafluniad orthograffig 3edd ongl syml. Dewiswch 'olwg' a'i drychu gan ddefnyddio llinellau trychu. Yna lluniadwch y **golwg trychiadol**.

Border, rhestr ddarnau a bloc teitl

Fel arfer, mae border a bloc teitl yn cael eu lluniadu cyn dechrau'r lluniad orthograffig hyd yn oed. Mae hyn yn helpu i gadw'r gwaith yn daclus o'r cychwyn cyntaf. Mae hefyd yn rhoi lle i wybodaeth bwysig fel eich enw, y teitl a'r dyddiad. Mae'r rhestr ddarnau'n caniatáu i chi rifo pob rhan o'r lluniad a rhestru'r holl ddarnau pwysig o wybodaeth fel defnyddiau, symiau, meintiau a gorffeniadau.

RHIF DARN	NIFER O'R DARN	DEFNYDD	GORFFENIAD	PROSES

TEITL	GRADDFA	ENW	POB MESURIAD MEWN mm

Llinellau tafluniad a graddfa

Mae llinellau tafluniad ar bob lluniad orthograffig. Y llinellau tafluniad hyn yw lle rydych chi'n **taflunio** y golwg gwreiddiol. Maen nhw'n llinellau ysgafn iawn sy'n eich helpu chi i lunio'r lluniad.

Mae pob lluniad hefyd yn dangos ar ba raddfa mae wedi cael ei luniadu. Nid yw'n ymarferol lluniadu popeth i'w faint gwirioneddol, felly yn aml bydd rhaid i chi wneud lluniad sy'n llai neu'n fwy (mae'r lluniad isod yn hanner y maint gwirioneddol 1:2). Er enghraifft, os yw eich lluniad yn union yr un maint â'r eitem wreiddiol, rydyn ni'n ysgrifennu hyn fel 1:1. Fodd bynnag, os yw eich lluniad yn ddwbl maint y gwreiddiol, rydyn ni'n nodi hyn fel 2:1. Os yw eich lluniad yn haneru'r mesuriadau i gyd, rydyn ni'n ysgrifennu hyn fel 1:2.

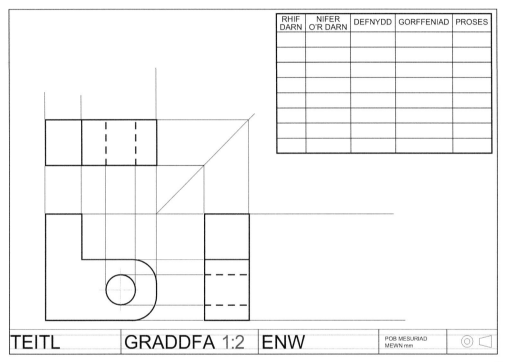

RHIF DARN	NIFER O'R DARN	DEFNYDD	GORFFENIAD	PROSES

TEITL	GRADDFA 1:2	ENW	POB MESURIAD MEWN mm	

Tasg 1.10

Llunio tafluniad orthograffig 3edd ongl

Pethau y bydd eu hangen arnoch i gwblhau'r dasg hon:
- 1 × Pecyn lluniadu yn cynnwys sgwaryn 45° a sgwaryn 30°, pren mesur, cwmpawd, pensiliau H a B
- 1 × Dalen o bapur A3 (tirlun)

Dilynwch y canllaw cam wrth gam ar y tudalennau nesaf, gan ddefnyddio'r holl sgiliau rydych chi wedi'u dysgu hyd yn hyn. Ceisiwch fod mor fanwl gywir â phosibl.

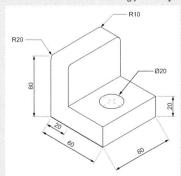

⬆ *Dyma'r darn/cynnyrch y byddwch chi'n ei luniadu. Ceisiwch gadw'r dimensiynau mor fanwl gywir â phosibl wrth luniadu eich tafluniad orthograffig 3edd ongl. Mae'r holl unedau sydd i'w gweld mewn milimetrau.*

(yn parhau drosodd)

Tasg 1.10 *parhad*

Cam 1. Lluniadwch forder taclus, bloc teitl, golwg isometrig o'r gwrthrych rydych chi'n ei lunio a pheidiwch ag anghofio'r symbol 3edd ongl.

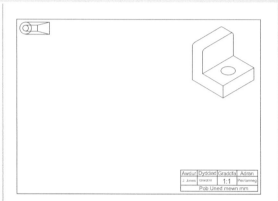

Cam 2. Gan wneud yn siŵr bod gennych chi'r dimensiynau cywir, lluniadwch gawell 2D a **thafluniwch** y llinellau i fyny (ar gyfer yr uwcholwg) ac ar draws (ar gyfer yr ochrolwg) gan ddefnyddio llinellau llunio (**does dim angen i chi luniadu'r dimensiynau eto**).

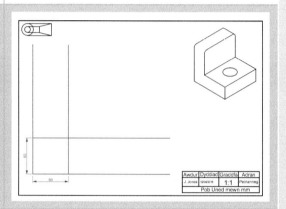

Cam 3. O fewn eich cawell 2D, lluniadwch flaenolwg eich gwrthrych isometrig, gan wneud yn siŵr bod y dimensiynau'n gywir.

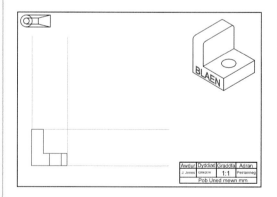

Cam 4. Os oes manylion ar y blaenolwg (corneli, tyllau, ac ati) **tafluniwch** y manylion hynny fel llinellau tafluniad i fyny (uwcholwg) ac ar draws (ochrolwg). Hefyd, gan ddefnyddio eich sgwaryn 45°, tynnwch linell 45° o gornel eich cawell 2D.

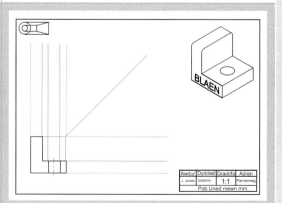

Tasg 1.10 *parhad*

Cam 5.	Lluniadwch eich uwcholwg, gan wneud yn siŵr bod y dimensiynau'n gywir.	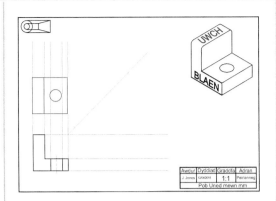
Cam 6.	Os oes manylion ar y blaenolwg (corneli, tyllau ac ati) **tafluniwch** y manylion hynny fel llinellau tafluniad ar draws at y llinell 45° YNA, lle mae eich llinellau tafluniad yn croestorri'r llinell 45°, **tafluniwch** y llinellau i lawr i greu'r ochrolwg yn awtomatig.	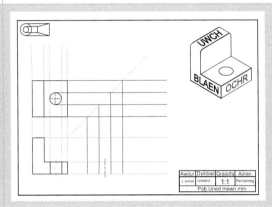
Cam 7.	Cwblhewch eich ochrolwg gan ychwanegu unrhyw fanylion pellach (e.e. radiws, llinellau canol, ac ati).	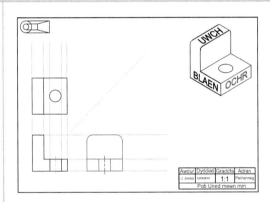
Cam 8.	Defnyddiwch linellau trwchus i amlygu'r tri golwg ac unrhyw fanylion gofynnol eraill (llinellau canol, manylion cudd, ac ati).	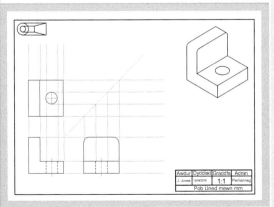

(yn parhau drosodd)

Tasg 1.10 *parhad*

Cam 9. Dimensiynwch eich tafluniad orthograffig 3edd ongl gan ddefnyddio'r canllawiau ar sut i ddimensiynu'n gywir (gweler tudalen 25). Dylech chi hefyd gynnwys rhestr ddarnau ac ychwanegu unrhyw fanylion rydych chi'n meddwl y byddai eu hangen ar drydydd parti er mwyn gallu cynhyrchu eich darn/cynnyrch (niferoedd, defnyddiau, ac ati).

Mae dimensiynau a'r rhestr ddarnau i'w gweld yn fanylach ar y tafluniad orthograffig 3edd ongl ar dudalen 33.

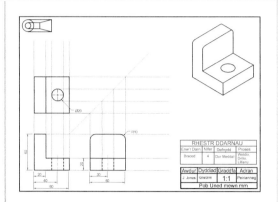

Cam 10. Ychwanegwch unrhyw fanylion ychwanegol rydych chi'n meddwl bod eu hangen (e.e. golwg trychiadol; gweler tudalen 28).

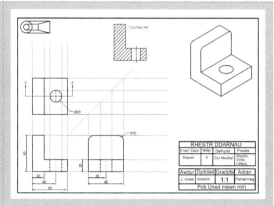

Cam 11. Gwiriwch eich lluniad terfynol rhag ofn bod camgymeriadau ynddo. Wedi gorffen!

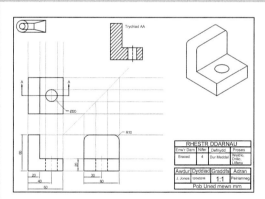

Tasg 1.11

Yn eich nodiadur, rhestrwch yr eitemau sydd wedi'u cylchu ag A–G ar y lluniad orthograffig 3edd ongl isod.
Er enghraifft: A: Mae'r lluniad mewn tafluniad orthograffig _____ ongl.

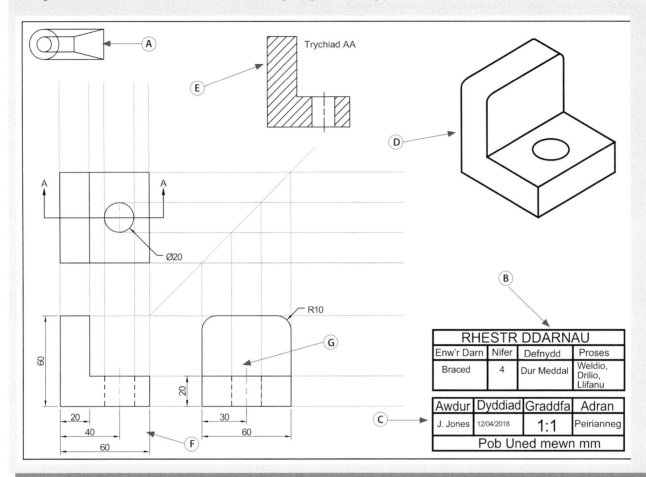

RHESTR DDARNAU			
Enw'r Darn	Nifer	Defnydd	Proses
Braced	4	Dur Meddal	Weldio, Drilio, Llifanu

Awdur	Dyddiad	Graddfa	Adran
J. Jones	12/04/2018	1:1	Peirianneg
Pob Uned mewn mm			

Tasg 1.12

Pethau y bydd eu hangen arnoch i gwblhau'r dasg hon:
- 1 × Pecyn lluniadu yn cynnwys sgwaryn 45° a sgwaryn 30°, pren mesur, cwmpawd, pensiliau H a B
- 1 × Dalen o bapur A3 (tirlun)

Gan ddefnyddio'r wybodaeth rydych chi wedi'i dysgu, lluniwch dafluniad orthograffig 3edd ongl manwl gywir o'r gwrthrych ar y dde.

Meini prawf llwyddiant

Rhaid i'ch lluniad fodloni'r canlynol:
- dimensiynau manwl gywir
- defnyddio llinellau llunio a llinellau trwchus
- bod wedi'i ddimensiynu'n gywir
- cynnwys rhestr ddarnau
- cynnwys bloc teitl
- cynnwys golwg trychiadol
- cynnwys unrhyw gonfensiynau safonol eraill (e.e. symbol 3edd ongl, manylion cudd).

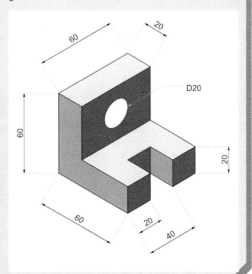

Cyngor

Cymerwch eich amser. Canolbwyntiwch ar fanwl gywirdeb. Os nad ydych chi'n siŵr, ewch dros y gwersi yn y bennod hon unwaith eto.

Cyngor

Pan fyddwch chi wedi gorffen ac mae'r lluniad yn gyflawn, gofynnwch y cwestiwn hwn i chi eich hun: 'A all ffatri weithgynhyrchu'r cynnyrch hwn yn seiliedig ar y lluniad hwn yn unig?'

Cyfathrebu Syniadau Dylunio

Yn y bennod hon, rydych chi'n mynd i wneud y canlynol:

→ Dysgu am yr angen i gyfleu gwybodaeth am beirianneg gan ddefnyddio
  - iaith briodol (technegol neu fel arall)
  - dulliau cyflwyno strwythuredig
  - dulliau geiriol a di-eiriau
  - dulliau cyfathrebu 2D a 3D.

Bydd y bennod hon yn ymdrin â'r meysydd canlynol ym manyleb CBAC:

Uned 1 DD2 Gallu cyfathrebu datrysiadau dylunio	
MPA2.2 Cyfathrebu syniadau dylunio	Cyfathrebu: cyfleu ystyr; defnyddio iaith briodol; strwythur rhesymegol; cyflwyno gwybodaeth; eglurder iaith a chyflwyniad; defnyddio terminoleg briodol; cynulleidfaoedd (Peirianwyr, pobl sydd ddim yn Beirianwyr); defnyddio cymorth gweledol, e.e. brasfodelau, CAD

Rhagymadrodd

Mae gan Beirianwyr gyfrifoldeb i gyfleu syniadau, datrysiadau a materion sy'n ymwneud â phrojectau i wahanol grwpiau o bobl, e.e. cydweithwyr allai fod yn gweithio ar y project gyda chi, cleientiaid sydd wedi rhoi'r briff i chi a gofyn am eich gwasanaethau, neu gwsmeriaid fydd yn prynu/defnyddio'r datrysiad rydych chi wedi'i gynnig yn y pen draw.

Yn eithaf aml, y cleient neu'r cwsmer sy'n talu am y project a bydd angen iddynt ddeall y datrysiadau peirianyddol cyn rhoi eu sêl bendith a chaniatáu i'r project fynd yn ei flaen. Ni fyddai cwsmeriaid a chleientiaid yn gallu deall llawer o'r iaith mae Peirianwyr yn ei defnyddio oherwydd natur dechnegol y termau sy'n cael eu defnyddio yn y pwnc. Mae'n hanfodol felly bod Peirianwyr yn dysgu ac yn defnyddio cyfres o sgiliau cyfathrebu sy'n eu galluogi nhw i gyfleu ystyr yn glir ac yn dryloyw i wahanol grwpiau o bobl.

Gallwn ni gategoreiddio'r gwahanol grwpiau hyn o bobl mewn dwy ffordd:
- **Peirianwyr**

a

- **phobl sydd ddim yn Beirianwyr**.

Ydych chi'n meddwl bod angen i Beirianwyr gyfathrebu'n wahanol i bobl sydd ddim yn Beirianwyr?
Ydych chi'n meddwl y byddai pobl sydd ddim yn Beirianwyr yn deall iaith dechnegol Peirianwyr?

Tasg 2.1

Ysgrifennwch restr o'r holl eiriau neu ymadroddion 'peirianneg' newydd rydych chi wedi eu dysgu'n barod ar ôl **dim ond un bennod**. Wrth i chi gwblhau'r dasg hon, gofynnwch i chi eich hun 'a fyddai unrhyw rai o fy ffrindiau neu fy nheulu, sydd ddim yn Beirianwyr, yn deall y geiriau hyn a beth maen nhw'n ei olygu?'

Cyfathrebu â Pheirianwyr

Dylai cyfathrebu â Pheirianwyr fod yn syml. Fel Peiriannydd eich hun, does dim cyfyngiadau ar yr iaith rydych chi'n ei defnyddio na'r dull o gyfleu eich meddyliau a'ch syniadau. Byddech chi'n rhydd i ddefnyddio'r iaith dechnegol sy'n benodol i faes pwnc peirianneg, gan wybod y byddai'r unigolyn arall yn y sgwrs (Peiriannydd arall) yn deall yr ystyr yn llawn.

Mantais arall i gyfathrebu â Pheirianwyr fyddai'r gallu i ddefnyddio iaith dechnegol heb fod angen rhoi esboniadau pellach. Byddai hyn yn cyfyngu ar wallau cyfathrebu a chamgymeriadau allai ddigwydd wrth gynhyrchu datrysiadau neu gynyrchion peirianyddol. Byddai cyfathrebu â Pheirianwyr eraill hefyd yn llawer cyflymach a gallai olygu llai o ohebiaeth yn ôl ac ymlaen rhwng pawb sy'n ymwneud â'r project.

Fodd bynnag, mae yna weithdrefnau derbyniol sy'n cael eu defnyddio'n gyffredin gan Beirianwyr i gyfathrebu'n effeithiol am syniadau a datrysiadau, a byddwn ni'n edrych ar y rhain yn nes ymlaen yn y bennod hon.

> Rydych chi wedi dysgu rhai technegau cyfathrebu yn barod … beth ydyn nhw?

Cyfathrebu â phobl sydd ddim yn Beirianwyr

Mae cyfathrebu'n fanwl gywir â phobl sydd ddim yn Beirianwyr yn gallu bod yn broses anoddach sy'n cymryd mwy o amser. Mae'n annhebygol y byddai pobl sydd ddim yn Beirianwyr wedi cael eu hyfforddi i ddefnyddio cyfarpar technegol a thechnegau peirianyddol safonedig, felly fydden nhw ddim yn deall llawer o'r eirfa a'r derminoleg dechnegol sy'n cael eu defnyddio.

Felly, er mwyn sicrhau llwyddiant projectau, mae'n hanfodol datblygu cyfres o dechnegau i alluogi pobl sydd ddim yn Beirianwyr i ddeall datrysiadau a meddyliau Peiriannydd.

Fel myfyrwyr peirianneg rhaid i chi ddatblygu sgiliau cyfathrebu effeithiol i sicrhau eich bod chi'n cyfathrebu'n glir i ddileu'r posibilrwydd o gamgymeriadau costus, hybu perthynas gadarnhaol â chwsmeriaid/cleientiaid ac, felly, creu datrysiadau peirianyddol llwyddiannus.

Ffyrdd o gyfathrebu

Mae llawer o ffyrdd o gyfleu eich meddyliau a'ch datrysiadau dylunio i Beirianwyr a hefyd i bobl sydd ddim yn Beirianwyr. Gallwch chi rannu'r meysydd a'r sgiliau y gallech chi eu datblygu yn bedwar categori syml:

1. cyfathrebu ar lafar
2. cyfathrebu ysgrifenedig
3. cyfathrebu darluniadol/gweledol
4. siapiau a modelau 3D.

Cyfathrebu ar lafar

Drwy siarad/sgwrsio, gallwch chi ddisgrifio eich datrysiad mewn geiriau yn unig. Weithiau, dyma'r ffordd symlaf o gyfathrebu; mae'n gyflym, yn hawdd a does dim angen cyfarpar arbenigol (heblaw ffôn, o bosibl). Fodd bynnag, mae cyfathrebu ar lafar yn dueddol o arwain at gamgymeriadau. Sawl gwaith rydych chi wedi camddeall neu wedi cael eich camddeall wrth gael sgwrs?

CYFATHREBU

Mae'n rhaid i lawer o Beirianwyr gyfathrebu â phobl sy'n siarad ieithoedd gwahanol ac sy'n dod o wledydd gwahanol fel China (un o brif wledydd gweithgynhyrchu'r byd), lle gallai cost gweithgynhyrchu fod yn llawer is.

Tasg 2.2

Cymerwch gynnyrch neu siâp 3D syml. Gydag unigolyn arall, sy'n Beiriannydd neu ddim, defnyddiwch **eiriau** yn unig i ddisgrifio'r siâp 3D i'r unigolyn arall (peidiwch â gadael i'r unigolyn weld y gwrthrych). Nawr, mae'n rhaid i'r unigolyn arall geisio **lluniadu** (papur a phensil) y gwrthrych 3D mor fanwl gywir â phosibl, gan ddefnyddio'r wybodaeth o'ch disgrifiad llafar chi yn unig. Mae gennych chi **2 funud** i gwblhau'r dasg hon.

1. Sut roedd y canlyniad wedi'i luniadu yn cymharu â'r peth go iawn?
2. Pa broblemau gafodd y ddau/ddwy ohonoch?
3. Oes yna ffyrdd eraill/gwell o gyfathrebu?
4. Oes yna unrhyw fanteision i gyfathrebu ar lafar?

Peiriannydd   Rhywun sydd ddim yn Beiriannydd

Cyfathrebu ysgrifenedig

Gallech chi ddisgrifio eich datrysiad drwy ysgrifennu cyfres o anodiadau, brawddegau a pharagraffau i esbonio a disgrifio eich datrysiadau peirianyddol. Gallech chi wneud hyn drwy gyfnewid negeseuon e-bost neu destun neu hyd yn oed dogfennau drwy'r post.

Mae rhai agweddau cadarnhaol i gyfathrebu ysgrifenedig, fel y gallu i gymryd amser i ddewis eich geiriau a sicrhau cael cyn lleied â phosibl o gamgymeriadau. Mae cyfathrebu ysgrifenedig hefyd yn eich galluogi chi i ddisgrifio eich bwriadau yn glir mewn du a gwyn a gall roi cofnod parhaol o ddigwyddiadau. Caiff dogfennau pwysig eu storio er mwyn cyfeirio atyn nhw yn y dyfodol os bydd angen.

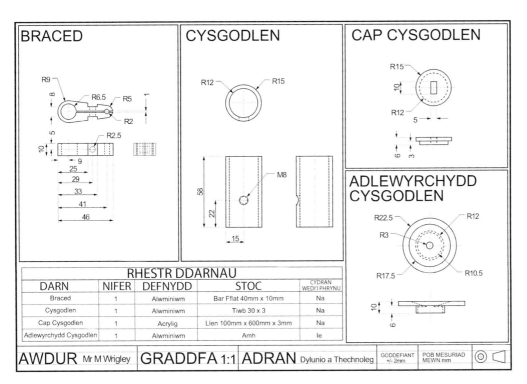

↑ *Mae llawer o gwmnïau peirianneg yn dal i gadw cofnod ysgrifenedig ar bapur o wybodaeth dechnegol, fel lluniadau orthograffig, at ddibenion cyfreithiol ac er mwyn cyfeirio atynt.*

Y briff dylunio

Un o'r prif fathau o gyfathrebu ysgrifenedig mewn pynciau fel Peirianneg a Dylunio yw'r briff dylunio.

Datganiad (neu gyfres o ddatganiadau) yn nodi beth yn union sydd ei eisiau a'i angen yw briff dylunio. Fel arfer, bydd y cwsmer/cleient a'r Peiriannydd yn ysgrifennu'r briff dylunio gyda'i gilydd ar ôl cyfres o drafodaethau i ddarganfod beth yn union sydd ei eisiau a'i angen. Mae briff dylunio yn 'ddatganiad o fwriad' clir ac mae angen iddo fod yn fanwl gywir ac wedi'i ysgrifennu ag eglurder (mae trafodaeth fanylach am friffiau dylunio ar dudalennau 70–72).

Fodd bynnag, fel y rhan fwyaf o ffurfiau cyfathrebu, gall cyfathrebu ysgrifenedig hefyd gael ei gamddehongli, yn enwedig wrth ddelio â chwsmeriaid neu gleientiaid sydd ddim yn Beirianwyr. Gallai fod angen llawer o ddisgrifiadau i esbonio'r wybodaeth dechnegol sy'n cael ei defnyddio mewn projectau peirianneg modern i gleientiaid, a gallai hynny achosi mwy o ddryswch.

Fyddai hi'n bosibl colli cyd-destun y gair ysgrifenedig neu ei gamddeall?

↑ *Sawl gwaith mae un o'ch negeseuon e-bost neu negeseuon testun wedi cael ei chamddehongli gan yr unigolyn sy'n ei derbyn?*

Cyfathrebu darluniadol/gweledol

Un dull cyffredin o gyfathrebu rhwng Peirianwyr a phobl sydd ddim yn Beirianwyr yw defnyddio lluniau, delweddau a diagramau i gyfleu ystyr. Mae cyfres o ddelweddau i **ddangos** datrysiadau posibl i gwsmeriaid a chleientiaid yn ffordd gyflym a hawdd o gyfathrebu'n effeithiol, gan fod bodau dynol yn prosesu stori delwedd yn llawer cyflymach na thestun.

Gall delweddau hefyd ddangos materion technegol yn llawer cliriach, gan gynnwys gwrthrychau 3D llawn, a hyd yn oed dangos golygon cudd, mecanweithiau a manylion cymhleth i'r cleientiaid.

> Ydych chi erioed wedi rhoi dodrefn fflatpac at ei gilydd gartref?
> Sut fath o gyfarwyddiadau oedd yn dod gyda'r dodrefn?
> Ai geiriau neu luniau oedden nhw ar y cyfan?

Dyma rai ffyrdd gwahanol o ddangos datrysiadau peirianyddol gyda lluniau a delweddau.

Brasluniau/cyflwyniadau wedi'u rendro

Cynrychioliadau gweledol o ddatrysiadau dylunio yw'r rhain, a'u bwriad yw dangos sut mae'r datrysiad yn gweithio a sut mae'n gallu cael ei ddatblygu. Yn eithaf aml, maen nhw'n cynnwys lliw a llawer o anodiadau i esbonio gwahanol rannau o'r datrysiad. Gallwn ni wneud y rhain â llaw neu gan ddefnyddio dylunio drwy gymorth cyfrifiadur. Maen nhw hefyd yn gallu ffurfio rhan o sgwrs i helpu i ddisgrifio ac esbonio project.

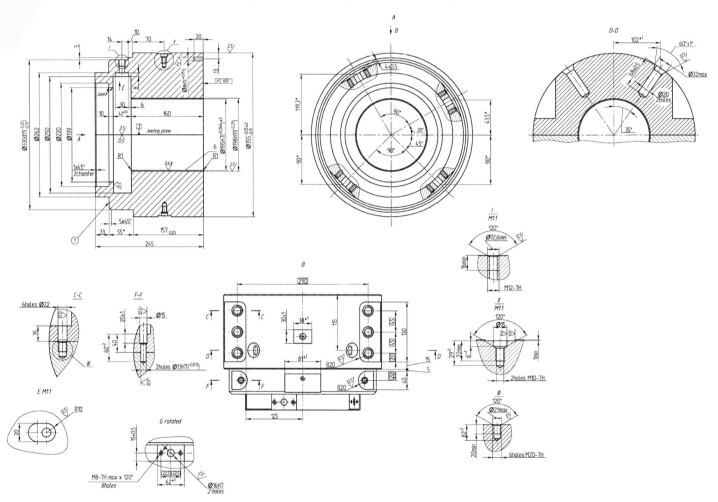

Lluniadau gweithio/peirianyddol

Mae lluniadau gweithio neu beirianyddol, fel y rhai ar y dudalen nesaf, yn lluniadau technegol (tafluniadau orthograffig) sy'n dangos holl fanylion technegol perthnasol datrysiad dylunio, fel dimensiynau a defnyddiau. Peirianwyr sy'n fwy tebygol o ddeall y math hwn o gyfathrebu, oherwydd gall fod yn anodd eu deall heb ryw fath o hyfforddiant ffurfiol.

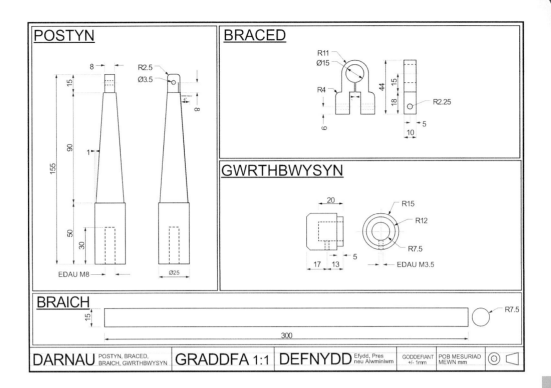

| DARNAU POSTYN, BRACED, BRAICH, GWRTHBWYSYN | GRADDFA 1:1 | DEFNYDD Efydd, Pres neu Alwminiwm | GODDEFIANT +/- 1mm | POB MESURIAD MEWN mm | |

Lluniadau cydosod

Mae lluniadau cydosod yn ffordd dda o ddangos sut mae llawer o ddarnau o wrthrych neu ddatrysiad yn mynd gyda'i gilydd neu'n rhyngweithio â'i gilydd. Mae'r math hwn o ddelwedd yn cael ei alw'n lluniad taenedig hefyd ac mae'n cael ei luniadu mewn golwg isometrig. Maen nhw'n cael eu defnyddio'n aml fel cyfarwyddiadau ar gyfer dodrefn i'w cydosod gan y cwsmer.

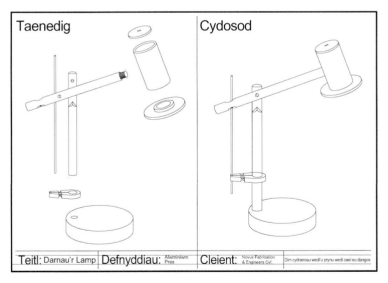

⬆ *Lluniad taenedig o lamp syml.*

Lluniadau/modelau CAD

Mae lluniadau neu fodelau CAD yn cael eu creu ar gyfrifiadur. Mae CAD yn golygu cynllunio drwy gymorth cyfrifiadur. Dyma lle mae Peirianwyr yn defnyddio technoleg (cyfrifiaduron) i gael help (cymorth) yn y broses ddylunio. Gallwch chi gynhyrchu delweddau CAD mewn 2D neu 3D, gan ddibynnu pa wybodaeth mae angen i chi ei chyfleu a pha raglen CAD rydych chi'n ei defnyddio.

Mae datrysiadau gweithgynhyrchu a pheirianneg modern i gyd yn defnyddio CAD i gwblhau'r dyluniadau cyn dechrau cynhyrchu.

Mae CAD yn gweithio'n dda iawn wrth gyfathrebu â phobl sydd ddim yn Beirianwyr, oherwydd gall CAD gylchdroi modelau digidol i edrych arnyn nhw o bob ongl, dangos darnau a mecanweithiau sy'n symud, dangos sut mae'r dyluniad yn gweithio o dan rymoedd, a chael ei addasu'n gyflym i ddangos i bobl sydd ddim yn Beirianwyr beth fyddai effaith unrhyw newidiadau.

Gan fod CAD mor amlbwrpas, mae o fantais i lawer o broffesiynau – o fynd â chwsmer ar daith rithwir o gwmpas adeilad newydd, i ragfynegi faint o ddefnydd fyddai ei angen er mwyn i bont fod yn ddigon diogel i'w chroesi.

Yn ogystal â bod yn wych ar gyfer cyfathrebu digidol, gallwn ni hefyd ddefnyddio CAD i greu modelau ffisegol go iawn drwy ddefnyddio peiriannau CNC i dorri siapiau 3D allan o ddefnyddiau gwrthiannol, a'r dull mwy modern o argraffu model ffisegol 3D o'ch delwedd ddigidol.

↑ *Modelau 3D wedi'u creu gan ddefnyddio peiriannau CNC.*

Siapiau a modelau 3D

Un ffordd ragorol o gyfathrebu datrysiadau peirianyddol posibl i bobl sydd ddim yn Beirianwyr yw drwy ddefnyddio siapiau 3D y gallan nhw eu codi, eu dal, rhyngweithio â nhw a chael profiad cyffyrddol â nhw, er mwyn iddyn nhw gael gwybod beth yw'r datrysiad. Mae modelau ffisegol yn dda iawn i ddangos nid yn unig sut bydd y datrysiad dylunio'n edrych ond hefyd sut mae'n teimlo ac yn edrych yn y byd go iawn. Mae'n hawdd i bobl sydd ddim yn Beirianwyr ddelweddu'r datrysiad wrth ryngweithio â model 3D. Fodd bynnag, dydy modelau ddim o reidrwydd yn weithredol ac efallai na fyddan nhw'n dangos sut mae dyluniad yn gweithio mewn gwirionedd. Gallwn ni greu modelau ffisegol ag unrhyw fath o ddefnydd defnyddiol fel papur, cerdyn, ewyn styro (*Styrofoam*™) neu hyd yn oed prennau a phlastigion.

↑ *Modelau o dyrbinau gwynt.*

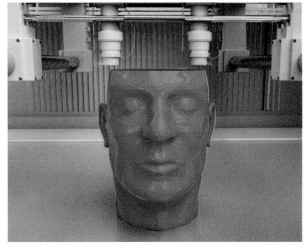

↑ *Model o ben yn cael ei argraffu mewn 3D.*

Prototeipiau

Mae prototeipiau'n debyg i fodelau. Fodd bynnag, dylai prototeipiau hefyd ddangos sut mae'r datrysiadau terfynol yn gweithio mewn gwirionedd. Mae hyn yn cynnwys electroneg a darnau sy'n symud. Prototeipiau yw'r ffordd ddrutaf o gyfleu syniadau, a'r ffordd sy'n cymryd y mwyaf o amser, ond y rhain hefyd sydd agosaf at y peth go iawn. Mae prototeipiau'n syniad da iawn ar gyfer cynhyrchion sy'n mynd i gostio llawer o arian i'w sefydlu a dechrau eu gwneud, i sicrhau bod popeth yn hollol gywir cyn cychwyn.

↑ *Car prototeip.*

→ *Llaw brosthetig brototeip wedi'i hargraffu mewn 3D.*

Tasg 2.3

Nawr eich bod chi'n deall y gwahanol ffyrdd o gyfathrebu gwybodaeth dechnegol yn effeithiol i bobl sydd ddim yn Beirianwyr, ceisiwch ateb y cwestiynau hyn:
1. Pa ffordd o gyfathrebu sydd orau?
2. Allwch/ddylech chi ddefnyddio un dewis yn unig?
3. Allwch chi eu cymysgu nhw drwy ddefnyddio cyfuniad o fodelau/gweithdrefnau cyfathrebu?
4. Pwy fyddai'n elwa fwyaf o bob model?
5. Ydy cyfathrebu'n dibynnu ar y sgiliau rydych chi wedi'u dysgu?

Ceisiwch gynhyrchu syniadau newydd ar gyfer 'dyfais gyfathrebu' newydd (does dim rhaid iddi fod yn ffôn), gan ddefnyddio brasluniau ac anodiadau. Defnyddiwch yr anodiadau i ddisgrifio beth rydych chi'n ceisio ei ddangos yn eich brasluniau.

A

Naill ai â llaw neu drwy ddefnyddio rhaglen feddalwedd CAD, crëwch luniad cyflwyniad o gynnyrch. Ceisiwch gyfathrebu cymaint o wybodaeth ag y gallwch chi am y cynnyrch (anodiadau, ac ati). Gall fod mewn 2D neu mewn 3D.

A/NEU

Ceisiwch greu model syml o'ch datrysiad. Gallwch chi ddefnyddio cerdyn/papur/ewyn modelu neu hyd yn oed CAD os yw'r feddalwedd ar gael i chi.

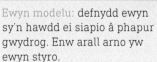

Term allweddol

Ewyn modelu: defnydd ewyn sy'n hawdd ei siapio â phapur gwydrog. Enw arall arno yw ewyn styro.

3

Defnyddiau a'u Priodweddau

Yn y bennod hon, rydych chi'n mynd i wneud y canlynol:
→ Dysgu am BRIODWEDDAU defnyddiau
→ Deall y CATEGORÏAU gwahanol o ddefnyddiau
→ Adnabod y defnyddiau mewn cynhyrchion penodol
→ Esbonio PAM cafodd defnyddiau eu dewis ar gyfer tasgau penodol
→ Deall ac enwi defnyddiau CLYFAR penodol
→ Deall GORFFENIADAU defnyddiau (categorïau ac enghreifftiau).

Bydd y bennod hon yn ymdrin â'r meysydd canlynol ym manyleb CBAC:

Uned 1 DD1 Gwybod sut mae cynhyrchion peirianyddol yn bodloni gofynion	
MPA1.1 Nodi nodweddion sy'n cyfrannu at brif swyddogaeth cynhyrchion peirianyddol	Priodweddau defnyddiau cydrannol
Uned 2 DD2 Gallu cynllunio'r broses gynhyrchu beirianyddol	
MPA2.1 Nodi'r adnoddau sydd eu hangen	Adnoddau: defnyddiau; cyfarpar; offer; amser
Uned 3 DD1 Deall effeithiau cyflawniadau peirianyddol	
MPA1.1 Disgrifio datblygiadau peirianyddol	Defnyddiau
Uned 3 DD2 Deall priodweddau defnyddiau peirianyddol	
MPA2.1 Disgrifio'r priodweddau sydd eu hangen ar ddefnyddiau ar gyfer cynhyrchion peirianyddol	Cynhyrchion peirianyddol: adeileddol, e.e. adeiladau, pontydd; mecanyddol, e.e. blwch gêr, craen, beic; electronig, e.e. ffôn symudol, cyfathrebiadau, larwm Priodweddau: cryfder tynnol; caledwch; gwydnwch; hydrinedd; hydwythedd; dargludedd; gallu gwrthsefyll cyrydiad; diraddiad amgylcheddol; elastigedd
MPA2.2 Esbonio sut caiff priodweddau defnyddiau eu profi	Profion: profion distrywiol; profion annistrywiol
MPA2.3 Dewis defnyddiau at ddiben	Defnyddiau: fferrus; anfferrus; thermoplastigion; plastigion thermosodol; clyfar; cyfansawdd

Rhagymadrodd

Yn y bennod hon, byddwch chi'n dod i wybod am wahanol ddefnyddiau a beth gall rhai o'r defnyddiau hyn ei wneud. Mae'r byd rydyn ni'n byw ynddo i gyd wedi'i wneud o ddefnyddiau, felly fel Peiriannydd eich gwaith chi yw darganfod beth yw galluoedd pob defnydd rydych chi'n bwriadu ei ddefnyddio.

Wrth sôn am **DDEFNYDDIAU** rydyn ni wir yn sôn am **BRIODWEDDAU**.

Felly beth yw priodweddau defnydd?

Mae priodweddau defnydd yn esbonio i ni beth yn union mae'r defnydd yn ei wneud. Mewn geiriau eraill, beth mae'r defnydd yn ei wneud yn dda a beth nad yw'n ei wneud cystal. Ar ôl i ni ddeall beth mae defnyddiau'n gallu ei wneud neu beidio, gallwn ni ddechrau dewis y rhai cywir i gyflawni gwahanol dasgau a deall SUT a BLE gallwn ni eu defnyddio nhw.

Er enghraifft, os oes angen i Beiriannydd greu adeiledd i alluogi traffig i groesi afon neu geunant, yn gyntaf byddai'r Peiriannydd yn darganfod pa briodweddau fyddai eu hangen er mwyn bod yn ddigon cryf ac anhyblyg i groesi'r bwlch a chynnal y traffig. Ar ôl darganfod y priodweddau hynny, byddai'n dewis y defnydd priodol.

Roedd yr hen Beirianwyr Rhufeinig yn feistri o ran deall defnyddiau a'u priodweddau. Drwy ddefnyddio eu gwybodaeth yn effeithiol, fe lwyddon nhw i adeiladu pontydd yn gyflym a oedd yn caniatáu i'w byddinoedd ymdeithio i bob rhan o Ewrop a choncro'r byd hysbys. Roedd hyn yn rhoi mantais enfawr i'r Rhufeiniaid oherwydd, heb y wybodaeth hon, roedd diwylliannau eraill yn gallu symud llawer llai.

Priodweddau defnyddiau

Mae priodwedd defnydd yn pennu sut bydd yn perfformio ac yn ymateb i'r amgylchedd lle mae'n bodoli a sut bydd yn ymateb i'r gwaith rydych chi wedi gofyn iddo ei wneud.

Adeileddau pont dur = da   Tegell siocled = gwael

Isod mae rhai priodweddau a'u diffiniadau. Mae'r rhestr hon yn defnyddio enwau/geiriau penodol i nodi priodwedd. Dysgwch y geiriau hyn a'u hystyron, oherwydd mae'n rhaid i Beirianwyr ddisgrifio priodweddau defnyddiau drwy'r amser ar gyfer pob project maen nhw'n ei wneud.

Elastigedd	Y gallu i adennill ei siâp gwreiddiol (e.e. rwber).
Hydwythedd	Y gallu i gael ei estyn heb dorri (e.e. copr).
Hydrinedd	Y gallu i gael ei bwyso, ei daenu neu ei forthwylio (e.e. plwm).
Caledwch	Y gallu i wrthsefyll crafu, torri neu draul (e.e. dur carbon uchel).
Gwaith-galedu	Priodwedd yn newid oherwydd gweithio (e.e. plygu dur yn ôl ac ymlaen).
Breuder	Yn torri'n hawdd a ddim yn plygu (e.e. gwydr).
Gwydnwch	Yn gwrthsefyll torri a phlygu (e.e. haearn bwrw neu bolymer wrea fformaldehyd).
Cryfder tynnol	Yn cadw ei gryfder wrth gael ei estyn (e.e. rhai aloion alwminiwm).
Cryfder cywasgol	Cryf iawn o dan wasgedd (e.e. concrit).
Gallu gwrthsefyll cyrydiad	A fydd yn cyrydu yn yr amgylchedd lle mae'n gweithio ai peidio (e.e. mae haearn yn rhydu).
Dargludedd (trydanol)	Y gallu i ddargludo (trosglwyddo) cerrynt trydanol (e.e. gwifrau copr).
Dargludedd (thermol)	Y gallu i ddargludo gwres (y rhan fwyaf o fetelau, fel sosbenni dur).
Diraddiad amgylcheddol	Sut mae'r defnydd yn cyrydu ac yn diraddio mewn amgylchedd (dŵr hallt, tywydd, tân).

Term allweddol

Polymer wrea fformaldehyd: plastig caled, ychydig yn frau sy'n cael ei ddefnyddio ar gyfer casinau/gorchuddion trydanol.

Tasg 3.1

Isod mae rhai gosodiadau ynglŷn â phriodweddau defnyddiau. Copïwch nhw yn eich nodiadur a cheisiwch lenwi'r bylchau.

1. Rydyn ni'n defnyddio haearn bwrw i wneud gorchuddion tyllau archwilio oherwydd mae'n _____ ac felly'n annhebygol o blygu neu dorri wrth i draffig yrru drosto.
2. Mae gennyn ni sosbenni da iawn â gwaelod copr gartref i goginio ynddyn nhw, ac maen nhw'n wych am _____ gwres o'r stof.
3. Peidiwch â thaflu cerrig yn agos at ffenestri gwydr. Maen nhw'n _____ ac yn debygol o dorri.
4. Mae fy ebillion dril wedi'u gwneud o _____, sy'n eu gwneud nhw'n _____ iawn ac yn dda am dorri drwy fetelau eraill.
5. Mae'r rhan fwyaf o bontydd modern wedi'u gwneud o _____ a _____, gan fod ganddyn nhw briodweddau _____ a _____ gwych a'u bod nhw felly'n gallu dal pwysau'r traffig i gyd.

Defnyddiau

Nawr ein bod ni'n deall priodweddau defnyddiau, gallwn ni ddechrau adnabod y defnyddiau eu hunain, i ba gategorïau maen nhw'n perthyn a pha swyddogaethau maen nhw'n gallu eu cyflawni (gan ddibynnu ar y priodweddau sydd ganddynt).

Yn yr adran hon, byddwn ni'n edrych ar y canlynol:
* metelau
* plastigion
* defnyddiau cyfansawdd
* defnyddiau clyfar.

Metelau

Mae amrywiaeth eang o fetelau'n bodoli yn y byd. Mae ganddyn nhw i gyd briodweddau gwahanol, defnyddiol ac rydyn ni'n eu defnyddio nhw i gyflawni tasgau gwahanol, o'r aur a'r copr yn eich ffonau symudol i'r dur a'r alwminiwm sydd yn y nendyrau yn ninasoedd mwyaf y byd. Yn gyffredinol, mae metelau'n perthyn i un o **ddau** gategori:
* **fferrus** ac
* **anfferrus**

a'r is-gategori:
* **aloion** (sydd wedi'u gwneud o'r metelau fferrus ac anfferrus).

Metelau fferrus – metelau sy'n cynnwys Haearn

Mae'r gair FFERRUS yn dod o'r gair Lladin *ferrum*, sy'n llythrennol yn golygu haearn.

Felly, mae metelau fferrus yn cynnwys haearn. Yn hytrach na dim ond 100% haearn maen nhw'n tueddu i fod wedi'u gwneud o haearn yn bennaf (e.e. mae DUR yn gallu bod yn 99.9% haearn a 0.1% carbon).

Haearn yw'r bedwaredd elfen fwyaf cyffredin (a'r ail fetel mwyaf cyffredin) yng nghramen y ddaear ac felly mae'n hawdd dod o hyd iddo. Mae haearn pur yn tueddu i fod yn rhy feddal i'w ddefnyddio ar ei ben ei hun, felly rydyn ni'n cymysgu metelau ac elfennau eraill ag ef i greu defnyddiau defnyddiol (e.e. dur).

Mae dwy ffordd hawdd o adnabod metel fferrus. Yn gyntaf, mae haearn yn cyrydu (rhydu), felly mae'n rhaid bod unrhyw beth â rhwd ar yr arwyneb (ocsidiad) yn cynnwys haearn. Yn ail, mae gan haearn briodweddau magnetig ac mae'n hawdd ei adnabod os oes gennych chi fagnet wrth law. *Fodd bynnag, mae gan rai metelau sy'n cynnwys haearn briodweddau gwrth-gyrydol ac efallai na fydd y rhain yn rhydu (e.e. dur gwrthstaen).*

↑ *Ffowndri gwneud dur.*

Lladin, *ferrum* = haearn
Cymraeg, fferrus = yn cynnwys haearn

Term allweddol

Ocsidiad: y broses o ocsidio; lle mae arwynebau dur/haearn yn adweithio â'r atmosffer ac yn creu ocsidau fferrig (rhwd).

Dyma rai enghreifftiau o FETELAU FFERRUS:

	Defnydd	Priodweddau	Ffyrdd cyffredin o'i ddefnyddio	Wedi'i wneud o
	Dur meddal	• Cryfder tynnol da • Gwydnwch da • Yn cyrydu'n hawdd	Yn cael ei ddefnyddio mewn llawer o gynhyrchion fel: • sgerbydau cyfrifiaduron • Xboxes, ac ati	• Haearn • 0.1–0.3% carbon
	Dur carbon uchel	• Gwydn • Caled • Yn gallu bod yn frau	Offer fel: • llafnau llifiau • ebillion dril	• Haearn • 0.5–1.5% carbon
	Dur gwrthstaen	• Gwrth-gyrydol • Gwydn	• Offer meddygol • Cyllyll a ffyrc	• Haearn • Nicel • Cromiwm
	Haearn bwrw	• Cryfder cywasgol da	• Gorchuddion draeniau a thyllau archwilio • Blociau peiriannau	• Haearn • 2–6% carbon

Metelau anfferrus – metelau sydd ddim yn cynnwys haearn

Does dim haearn mewn metelau anfferrus. Mae llawer o enghreifftiau o fetelau anfferrus (gan gynnwys amryw o ALOION) fel alwminiwm, aur a chopr.

Mae PRIODWEDDAU metelau anfferrus yn gallu bod yn wahanol i rai haearn ac mae llawer o ffyrdd gwahanol o'u defnyddio nhw. Mae copr yn wych am ddargludo gwres a thrydan (ceblau/gwifrau trydanol). Mae metelau anfferrus hefyd yn tueddu i fod yn llawer gwell am wrthsefyll cyrydiad na metelau fferrus a does ganddyn nhw ddim priodweddau magnetig.

Fodd bynnag, dydy'r rhan fwyaf o fetelau anfferrus ddim mor gyffredin â haearn (heblaw alwminiwm, sef y metel mwyaf cyffredin yng nghramen y Ddaear) ac mae pob metel anfferrus yn tueddu i fod yn llawer drutach i'w goethi o'r mwyn metel.

Mae metelau anfferrus hefyd yn ddrutach i'w ffabrigo o'u cymharu â haearn.

Er enghraifft, mae lein ddillad gylchdro yn gynnyrch peirianyddol sy'n cyflawni tasg mewn amgylchedd allanol. Mae'n debygol y bydd glaw'n disgyn ar y lein ddillad ac felly bydd diraddiad amgylcheddol yn debygol o ddigwydd. Gallwch chi brynu leiniau dillad cylchdro sydd wedi'u gwneud o alwminiwm, gan eu bod nhw'n wrth-gyrydol ac yn ysgafn (anfferrus). Fodd bynnag, gallwch chi hefyd brynu leiniau dillad dur (99.9% haearn a 0.01% carbon) ond byddai'r rhain yn rhydu ac yn drwm iawn. Felly pam prynu lein ddillad ddur? Mae dur yn ddefnydd llawer rhatach ac mae hefyd yn llawer haws ei ffabrigo. Mae'n hawdd weldio dur â chyfarpar weldio cyffredin, ond byddai angen cyfarpar weldio arbenigol ar gyfer alwminiwm. Mae'r ffactorau hyn i gyd yn gwneud y cynnyrch yn rhatach i'r defnyddiwr ei brynu.

Term allweddol

Ffabrigo: siapio ac uno defnyddiau i greu cynnyrch.

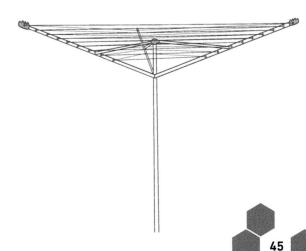

Dyma rai enghreifftiau o FETELAU ANFFERRUS:

	Defnydd	Priodweddau	Ffyrdd cyffredin o'i ddefnyddio	Wedi'i wneud o
	Alwminiwm	• Ysgafn • Meddal • Hydrin	• Da i wneud aloion • Cynhyrchion allanol • Awyrennau	• Alwminiwm
	Plwm	• Hydwyth • Hydrin • Trwm	• Toeon • Batris	• Plwm
	Copr	• Dargludydd da • Hydwyth	• Peipio • Gwifrau trydanol	• Copr
	Aur	• Meddal • Hydrin • Yn gwrthsefyll tarneisio/cyrydiad	• Gemwaith • Cysylltiadau stereo o safon uchel	• Aur
	Pres	• Caled • Gwrth-gyrydol	• Offerynnau cerdd • Cynhyrchion addurnol	• Copr • Sinc

Aloion

Cymysgedd o elfennau sydd fel arfer yn cynnwys metel fel y brif gydran yw ALOI (e.e. mae DUR yn 99.9% HAEARN a 0.1% CARBON). Cafodd aloion eu datblygu i greu priodweddau gwahanol i'r metel pur gwreiddiol. Drwy wresogi, toddi a chymysgu metelau gwahanol gallwch chi greu metelau newydd â phriodweddau gwahanol, newydd.

Mae efydd yn aloi sy'n cael ei greu drwy gymysgu copr a thun. Mae efydd yn galetach, yn gwrthsefyll cyrydiad yn well ac yn haws ei doddi a'i gastio i wahanol siapiau (e.e. pennau bwyeill) na'r ddau fetel gwreiddiol, copr a thun.

Mae dwralwmin yn aloi modern sy'n cael ei greu drwy gael alwminiwm fel metel gwreiddiol ac yna ychwanegu symiau bach o fetelau eraill (copr, magnesiwm, manganîs) i greu defnydd sy'n ysgafn, yn gryf ac yn wrth-gyrydol iawn.

↑ *Enghreifftiau o bennau bwyeill o'r Oes Efydd.*

← *Mae llawer o ddarnau o geir ac awyrennau wedi'u gwneud o ddwralwmin, sy'n aloi.*

Dyma rai enghreifftiau o ALOION:

	Aloi	Wedi'i wneud o	Ffyrdd cyffredin o'i ddefnyddio
	Dwralwmin	• Alwminiwm • Copr • Magnesiwm • Manganîs	• Darnau ceir • Darnau awyrennau
	Pres	• Copr • Sinc	• Offerynnau cerdd • Cynhyrchion addurnol
	Dur gwrthstaen	• Haearn • Nicel • Cromiwm	• Offer meddygol • Cyllyll a ffyrc

Elfennau/cyfryngau aloi

Mae Peirianwyr modern yn defnyddio llawer o aloion gwahanol i gyflawni mathau gwahanol o dasgau. Mae **elfennau aloi** gwahanol hefyd wedi cael eu darganfod a beth y gallwn ni ei greu wrth eu cymysgu nhw â metelau. Rydyn ni hefyd yn gwybod pa gymarebau'r metelau a'r elfennau mae angen eu cymysgu i greu priodweddau penodol.

Mae rhai elfennau aloi cyffredin yn cael eu defnyddio mewn llawer o arferion modern.

Dyma rai enghreifftiau a'r priodweddau maen nhw'n gallu eu hychwanegu at aloi:

Elfen/cyfrwng aloi	Priodweddau
Nicel	• Yn cynyddu cryfder • Yn cynyddu caledwch • Yn cynyddu'r gallu i wrthsefyll cyrydiad
Cromiwm	• Yn cynyddu caledwch • Yn cynyddu'r gallu i wrthsefyll cyrydiad • Yn cynyddu gwydnwch
Fanadiwm	• Yn cynyddu gwydnwch dur • Yn cynyddu'r gallu i wrthsefyll traul

↑ *Mae peiriannau'n aml yn cael eu gwneud o gromiwm.*

Cyflenwad metelau

Pan fydd Peirianwyr yn defnyddio metelau, mae angen iddyn nhw wybod ar ba ffurfiau maen nhw'n gallu cael eu cyflenwi er mwyn sicrhau eu bod nhw'n archebu'r siâp cywir ar gyfer y project peirianyddol dan sylw, yn ogystal â gwneud yn siŵr eu bod nhw'n defnyddio'r derminoleg gywir wrth archebu'r defnyddiau.

Allwthiadau fydd y rhan fwyaf o'r siapiau metel y gallwch chi eu prynu. Mae allwthiad yn siâp trawstoriadol penodol (meddyliwch yn ôl i'r lluniadau trychiadol) sy'n parhau am yr hyd dewisol (dychmygwch wthio plastisin drwy siâp penodol).

Mae allwthiadau'n siapiau cyffredin iawn sy'n cael eu defnyddio yn y byd; faint gallwch chi eu gweld o'r lle rydych chi'n eistedd?

Mae'r diagramau isod yn dangos enghreifftiau o fetelau a sut maen nhw'n cael eu cyflenwi. Mae dimensiynau'r trawstoriad yn gallu amrywio, ac maen nhw i gyd yn tueddu i gael eu hallwthio hyd at yr hydoedd dewisol.

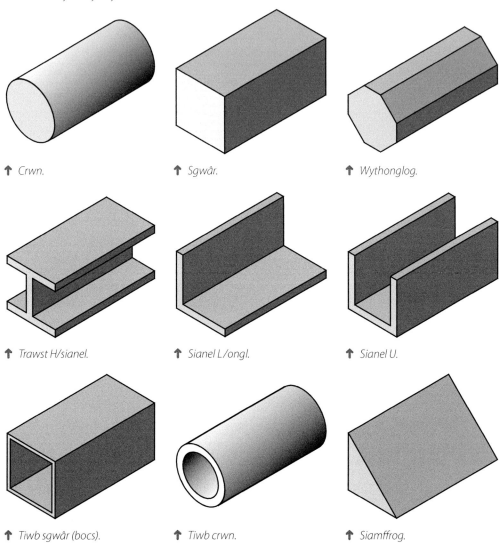

↑ Crwn.　　　　↑ Sgwâr.　　　　↑ Wythonglog.

↑ Trawst H/sianel.　　　　↑ Sianel L/ongl.　　　　↑ Sianel U.

↑ Tiwb sgwâr (bocs).　　　　↑ Tiwb crwn.　　　　↑ Siamffrog.

Plastigion

Dychmygwch ddefnydd hudol y gallech chi ei fowldio i unrhyw siâp gallwch chi ei ddychmygu, ei wneud yn unrhyw liw hoffech chi, sydd byth yn rhydu, sy'n rhad iawn, sy'n gallu cymryd unrhyw orffeniad (garw, sglein) y gallwch chi feddwl amdano ac sydd hefyd yn gryf ac yn ysgafn iawn.

Croeso i blastigion.

Er bod plastig yn cael cymaint o effaith negyddol ar y byd, y rheswm pam mae cymaint ohono'n cael ei ddefnyddio yw'r holl briodweddau anhygoel sydd ganddo. Mae'n hawdd creu datrysiadau peirianyddol i broblemau pan mae gennych chi ddefnydd sy'n gallu gwneud yr holl bethau anhygoel hyn. Dyma pam mae cymaint o Beirianwyr a Dylunwyr yn dewis ei ddefnyddio.

Felly o ble mae plastigion yn dod?

Mae plastigion yn cael eu gwneud o'r cemegion sy'n cael eu hechdynnu o olew crai. Mae olew crai'n cael ei echdynnu o'r ddaear a'i gludo i burfa lle mae'n mynd drwy'r broses o gael ei buro. Caiff llawer o gemegion gwahanol eu hechdynnu yn ystod y broses buro, ac mae nafftha yn un o'r rhain. Mae nafftha wedyn yn cael ei brosesu'n bellach i gynhyrchu plastigion gan ddefnyddio proses polymeru.

Mae'r diagram canlynol yn dangos y broses gymharol syml o echdynnu nafftha o olew crai.

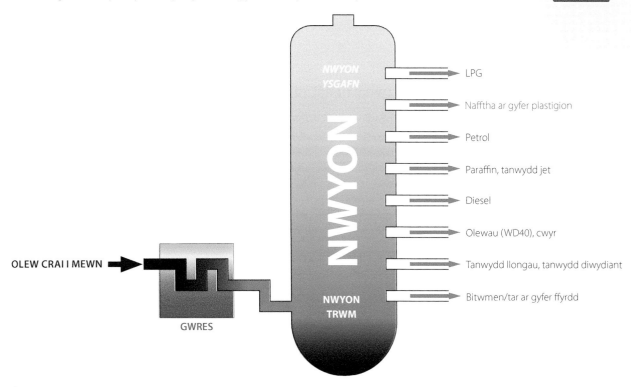

↑ *Enghraifft syml o sut mae olew crai yn cael ei buro.*

O nafftha rydyn ni wedyn yn deillio monomerau, sydd yna'n cael eu cysylltu gan ddefnyddio'r broses bolymeru i greu polymerau.

Termau allweddol

Monomerau: o'r Roeg:
mono = un, *poly* = llawer,
mer = darn. Moleciwlau unigol
yw monomerau.
Polymerau: gair cyfarwydd am
blastigion.

Gallwn ni rannu plastigion yn ddau brif gategori:
* **thermoplastigion**
* **plastigion thermosodol**.

Thermoplastigion

Gallwn ni newid siâp y plastigion hyn wrth eu hail-wresogi, felly mae'n bosibl eu hail-fowldio. Gall hyn ddigwydd lawer gwaith cyn i'r thermoplastig ddechrau diraddio. Gallwn ni ailgylchu thermoplastigion hefyd.

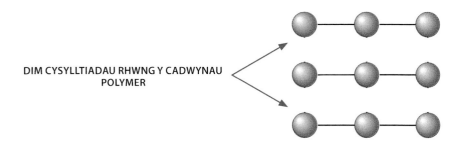

DIM CYSYLLTIADAU RHWNG Y CADWYNAU POLYMER

↑ *Gorchudd amddiffynnol gwydn wedi'i wneud o acrylig, ar gyfer bwrdd arddangos.*

Dyma rai enghreifftiau o THERMOPLASTIGION:

ACRYLIG

Enw arall arno yw Perspex®. Mae'n eithaf gwydn ac yn cael ei ddefnyddio mewn llawer o bethau gan gynnwys arwyddion, gorchuddion ffôn i gymryd lle gwydr a cheginau.

POLYSTYREN ARDRAWIAD UCHEL (HIPS)

Plastig gwydn, anhyblyg sy'n cael ei ddefnyddio'n aml yn y broses ffurfio â gwactod. Mae'n dda ar gyfer defnydd pecynnu (y defnydd y tu mewn i duniau bisgedi), mewn teganau ac i rannu cyllyll a ffyrc/trefnu droriau.

↑ *Rhannydd cyllyll a ffyrc wedi'i wneud o HIPS.*

PVC

Mae PVC yn blastig gwydn sy'n cael ei ddefnyddio ar gyfer drysau a ffenestri (UPVC), pibellau gwastraff a thâp trydanol. Caiff ei ddefnyddio hefyd mewn llawer o gynhyrchion eraill fel ffitiadau plymwaith, gwifrau trydanol a chynhyrchion sy'n cael eu defnyddio yn y diwydiant meddygol.

↑ *Mae ffenestri UPVC yn para'n dda ac mae rhai ohonyn nhw'n gwrthsefyll (golau) UV.*

Neilon

Mae gan neilon briodweddau ffrithiant isel rhagorol. Mae'n wych ar gyfer cydosod pethau â darnau sy'n symud, yn enwedig cynhyrchion fel rhedwyr drysau, cocs/gerau a wasieri.

↑ Bydd gan gêr wedi'i wneud o neilon briodweddau iro naturiol heb fod angen olew a saim.

Plastigion thermosodol

Yn wahanol i **thermoplastigion**, mae plastigion **thermosodol** wedi'u huno ar draws y cadwynau polymer. Mae hyn yn golygu bod gan blastigion **thermosodol** fond cryf iawn rhwng y **monomerau**.

CYSYLLTIADAU RHWNG Y CADWYNAU POLYMER

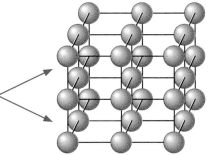

Allwn ni ddim ail-wresogi plastig thermosodol a'i ail-fowldio fel thermoplastigion.

Dyma rai enghreifftiau o BLASTIGION THERMOSODOL:
- resin epocsi
- wrea fformaldehyd
- melamin fformaldehyd.

RESIN EPOCSI

Mae resin epocsi'n cael ei ddefnyddio'n aml fel glud, ac mae'n dda hefyd ar gyfer laminiadu (haenu) defnyddiau i greu cynhyrchion fel byrddau sgrialu. Enw arall ar y glud yw Araldite®.

↑ Rydyn ni'n aml yn defnyddio resin epocsi fel cyfrwng rhwymo a gorchudd arwyneb ar gyfer byrddau eira a byrddau sgrialu. Mae'n dechrau fel hylif ac yn caledu i ffurfio solid.

WREA FFORMALDEHYD

Plastig caled, ychydig yn frau sy'n cael ei ddefnyddio ar gyfer casinau/ gorchuddion trydanol fel socedi plygiau a larymau mwg.

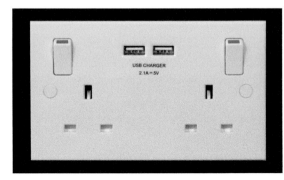

⬆ *Mae llawer o gydrannau trydanol yn cael eu gwneud o wrea fformaldehyd oherwydd dydyn nhw ddim yn anffurfio (newid siâp) mewn tymheredd uchel. Gwych ar gyfer diogelwch trydanol.*

MELAMIN FFORMALDEHYD

Plastig caled â phriodweddau da ar gyfer gwrthsefyll gwres. Mae'n cael ei ddefnyddio ar gyfer dysglau sy'n ddiogel mewn ffwrn microdon a chynhyrchion eraill sy'n dod i gysylltiad â gwres.

⬆ *Yn aml, caiff melamin fformaldehyd ei ddefnyddio ar gyfer platiau a llestri plant, gan ei fod yn wydn iawn ac maen nhw'n cael eu marchnata gyda'r gallu i wrthsefyll dryllio.*

> **Termau allweddol**
>
> **Cyfansawdd:** rhywbeth sydd wedi'i wneud o nifer o ddarnau neu elfennau.
> **Lluniad rhandoredig:** wedi'i ddylunio i ddangos rhannau pwysig o du mewn gwrthrych neu gynnyrch didraidd.

Defnyddiau cyfansawdd

Defnyddiau cyfansawdd yw defnyddiau sydd wedi'u gwneud o ddau neu fwy o ddefnyddiau er mwyn ychwanegu priodweddau eraill (e.e. ei wneud yn gryfach). Yn wahanol i aloion, dydy defnyddiau cyfansawdd ddim yn cael eu cyfuno ar ôl eu toddi neu eu cymysgu – maen nhw'n cael eu cadw ar wahân ac fel arfer yn cael eu bondio at ei gilydd â glud, adlyn neu resin. Gall y broses hon roi priodweddau ychwanegol os oes eu hangen yn y defnydd cyfansawdd newydd.

Isod mae lluniad rhandoredig o ddrws ffrynt cyfansawdd. Mae llawer o gartrefi nawr yn defnyddio'r mathau hyn o gynhyrchion/defnyddiau cyfansawdd fel drysau allanol, ac mae'r anodiadau'n esbonio pam.

Craidd o ewyn ehangedig dwysedd uchel polywrethan:
- ysgafn dros ben
- atal sain
- gwrthsefyll tân
- ynysu
- rhad

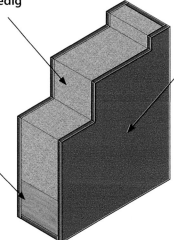

Llen allanol o wydr ffibr (GRP):
- gwydr ffibr (cyfansawdd) wedi'i wneud o ffibrau gwydr a resin epocsi
- cymhareb cryfder-i-bwysau dda
- hunan-orffennu
- gallu gwrthsefyll tywydd/ cyrydiad/UV
- gallu cael ei fowldio i unrhyw siâp
- dewisiadau lliw/gwead

Fframm pren caled:
- cryfder tynnol da
- cryf ac anhyblyg (i greu fframwaith da, cryf)
- cymhareb cryfder-i-bwysau dda

> **Term allweddol**
>
> **GRP:** plastig wedi'i atgyfnerthu â gwydr, sydd hefyd yn cael ei alw'n wydr ffibr. Cymysgedd o wydr ffibr a resin epocsi.

Mae llawer o fathau o ddefnyddiau cyfansawdd sy'n gyffredin mewn cynhyrchion pob dydd. Dyma rai enghreifftiau o DDEFNYDDIAU CYFANSAWDD:
- prennau cyfansawdd/gwneud
- GRP
- ffibr carbon.

PRENNAU CYFANSAWDD/GWNEUD

Caiff y rhain eu gwneud o dorbrennau, sglodion a ffibrau pren gyda gludion/adlynion. Mae prennau cyfansawdd yn cynnwys pren haenog, bwrdd sglodion, MDF a blocfwrdd. Maen nhw'n **gryf, yn gwrthsefyll camdroi, yn rhad** ac yn gallu dod mewn llenni/byrddau ag arwynebedd arwyneb mawr.

GRP

Mae GRP wedi'i wneud o ffibrau gwydr a resin epocsi. Mae'n cael ei ddefnyddio mewn llawer o gynhyrchion fel cyrff cychod, sleidiau dŵr a chabinetau stryd telathrebu (unedau mawr gwyrdd). Mae ganddo **gymhareb cryfder-i-bwysau** dda, gallwn ni ei **fowldio** i bron unrhyw siâp ac mae'n **gwrthsefyll UV**.

↑ *Sampl o MDF.*

FFIBR CARBON

Wedi'i wneud o ffibrau carbon a resinau, mae'n cael ei ddefnyddio mewn llawer o gynhyrchion fel cyfarpar chwaraeon, chwaraeon modur (F1), y diwydiant awyrennau a chyfarpar diogelwch. Mae'n eithriadol o **ysgafn**, mae ganddo **gymhareb cryfder-i-bwysau** ardderchog, a gallwn ni ei **fowldio** i bron unrhyw siâp.

↑ *Resin yn cael ei chwistrellu ar y gwydr ffibr.*

↑ *Pibellau gwacáu a bymper wedi'u gwneud o ffibr carbon.*

Defnyddiau clyfar

Mae defnyddiau clyfar yn newid eu priodweddau a'u nodweddion yn unol â newidiadau i'r amgylchedd (e.e. tymheredd, golau, grym, ac ati) maen nhw ynddo. Mae defnyddiau clyfar yn cael eu defnyddio'n fwy aml mewn cynhyrchion a phrosesau gan eu bod nhw'n gallu cyflawni llawer o dasgau oherwydd eu bod nhw'n gallu newid.

Ydych chi erioed wedi gweld mwg yn newid lliw wrth i ddŵr poeth gael ei arllwys iddo?

MWG

TE POETH

MWG GYDAG AMGYLCHEDD WEDI'I NEWID

Newid i'r priodweddau

Mae'r amgylchedd wedi newid drwy ychwanegu GWRES. Y DEFNYDD CLYFAR ar y mwg yw inc thermocromig, sef inc sy'n newid lliw yn ôl y tymheredd.

Beth mae defnyddiau HYDROCROMIG a FFOTOCROMIG yn ei wneud yn eich barn chi?

Dyma rai enghreifftiau o DDEFNYDDIAU CLYFAR:
- nitinol
- D3o
- polymorff.

NITINOL

Mae nitinol yn SMA sy'n gallu cofio siâp wrth gael ei wresogi. Mae'n aloi o nicel a thitaniwm ac yn cael ei ddefnyddio ar gyfer stentau (i ddal rhydweliau ar agor), bras â gwifren ynddynt, a sbectol.

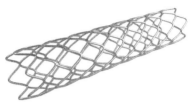

↑ 'Stent' wedi'i wneud o nitinol, sy'n SMA. Caiff ei ddefnyddio i gadw rhydweliau ar agor. Mae'n mynd i mewn i'r rhydweli pan mae'n fach ac yn gryno, ac yna'n ehangu ac yn mynd yn fwy y tu mewn i'r rhydweli (pan fydd yr amgylchedd yn newid).

↑ Mae rhai sbectolau'n neidio'n ôl i'w siâp gwreiddiol os yw rhywun yn eistedd neu'n sefyll arnynt. Maen nhw wedi'u gwneud o SMA.

D3o

Defnydd ysgafn, meddal, hyblyg a hydrin sy'n cyfnerthu pan gaiff grym sydyn ei roi arno. Caiff ei ddefnyddio i wneud dillad chwaraeon, gan gynnwys hetiau sglefrwyr a 'lledrau' beicwyr modur.

↑ Siaced beiciwr â phaneli D3o.

POLYMORFF

Polymer caled (plastig) sy'n meddalu ac yn troi'n hydrin ar 62° Celsius (°C). Caiff ei ddefnyddio mewn handlenni offer a gafaelion unigol.

↑ Gronynnau polymorff.

↑ Mwgwd wedi'i wneud o bolymorff.

Term allweddol

SMA: aloi sy'n cofio siâp. Aloi metelig sydd â 'chof'.

Profi defnyddiau a'u priodweddau

Ar ôl cwblhau'r broses o ddewis defnyddiau, bydd Peirianwyr yn dechrau'r broses brofi i weld ydy'r priodweddau sydd gan y defnyddiau'n ddigonol i gwblhau'r dasg sy'n cael ei rhoi iddynt. Weithiau caiff y datrysiad/cynnyrch terfynol ei brofi yn yr amgylchedd lle bydd yn gweithio.

Mae'n bwysig iawn bod Peirianwyr yn profi defnyddiau am y priodweddau cywir, oherwydd gallai dewis y defnyddiau anghywir neu briodweddau annigonol arwain at gamgymeriadau costus. Dychmygwch bont yn cwympo am nad oedd y defnyddiau wedi'u profi'n iawn.

Mae defnyddiau hefyd yn cael eu profi i ddiffinio cyfyngiadau eu paramedrau gweithredu (e.e. faint o lwyth gall rhywbeth ei gymryd cyn iddo ddechrau torri). Pan fydd Peirianwyr yn deall y paramedrau hynny, gallan nhw ddechrau dylunio ffactor diogelwch (FoS) yn eu cynnyrch. Er enghraifft, ar ôl canfod pwynt methiant cynnyrch/defnydd, gall Peirianwyr ychwanegu mwy o ddefnydd i dderbyn llwyth dwbl, sydd i bob diben yn cynyddu'r FoS. Mae profi cyfyngiadau defnydd a chynnyrch yn galluogi Peirianwyr i sicrhau bod y datrysiadau maen nhw'n eu peiriannu'n ddiogel iawn i'w defnyddio.

Drwy fynd drwy'r broses brofi, gall Peirianwyr wneud y canlynol:
- arbed arian
- bodloni anghenion/safonau iechyd a diogelwch
- atal methiant cynhyrchion
- darparu data ar gyfer projectau/arloesi yn y dyfodol

Mae profi priodweddau defnyddiau'n gallu perthyn i un o ddau gategori:
- **Profion distrywiol**: rhoi'r defnyddiau (neu gynhyrchion) o dan rymoedd nes eu bod nhw'n dechrau methu ac yn methu'n drychinebus. Mae'r profion hyn yn gallu ymchwilio i briodweddau fel cryfder tynnol, cryfder cywasgol, gwydnwch, caledwch, ac ati.
- **Profion annistrywiol**: profi'r defnyddiau (neu gynhyrchion) heb ddifrodi'r defnyddiau neu'r cynhyrchion eu hunain. Mae profi annistrywiol yn caniatáu i chi brofi eich defnydd/cynnyrch yn yr amgylchedd lle bydd yn gweithio i weld sut mae'n perfformio yn ei fywyd o ddydd i ddydd. Gall profi annistrywiol arbed arian gan nad oes rhaid paratoi a dinistrio defnyddiau a chynhyrchion. Mae'r broses brofi hon hefyd yn ffordd o brofi cyfanrwydd adeiladau hanesyddol.

CAD a phrofi

Mae'r rhan fwyaf o raglenni da ar gyfer dylunio drwy gymorth cyfrifiadur yn cynnwys y gallu i gynnal *rhith* brofion ar ddefnyddiau a chynhyrchion mewn rhith amgylcheddau. Mae rhaglenni CAD modern eisoes yn cynnwys data ar gyfer defnyddiau a gallwch chi ddweud o ba ddefnydd mae eich modelau CAD wedi'u gwneud. Os yw eich cynnyrch yn mynd i fethu o dan lwyth, gall ddangos mewn lliwiau (coch yn bennaf) lle byddai eich cynnyrch yn methu. Mae hyn yn rhoi cyfle i Beirianwyr i newid dyluniad eu datrysiadau cyn dechrau cynhyrchu. Enw'r broses hon yw FEA.

Gorffeniadau

Yn eithaf aml, mae angen **gorffennu** y defnyddiau sydd wedi cael eu defnyddio fel rhan o'r prosesau sy'n cael eu defnyddio i'w creu nhw. Mae hyn yn golygu bod angen i'r defnyddiau fynd drwy broses weithgynhyrchu arall i roi gorffeniad arnyn nhw. Mae'r rhesymau dros orffennu defnydd yn gallu amrywio:
- esthetig (gwneud iddo edrych yn dda)
- gweithredol (e.e. rhoi arwyneb mwy garw i afael ynddo)
- amddiffyn/gwrthsefyll cyrydiad (ei atal rhag rhydu neu golli ei liw).

Enghreifftiau o orffeniadau ar gyfer metelau

Trocharaenu â phlastig: mae hyn yn cael ei wneud ar ddur yn bennaf. Mae'r metel yn cael ei wresogi a'i drochi mewn powdr plastig sy'n ymdoddi ac yn glynu at arwyneb y metel. Mae'n ffordd dda o atal cyrydiad. Mae amrywiaeth o liwiau ar gael at ddibenion esthetig.

↑ *FEA ar ddyluniad ffrâm beic. Mae'r mannau coch yn dangos ble mae'r ffrâm yn debygol o fethu (o dan lwyth penodol).*

↑ *Sgriw wedi'i throcharaenu â phlastig.*

Galfanu: gorchuddio metel fferrus (dur) â sinc (anfferrus) i'w amddiffyn rhag cyrydiad. Mae galfanu'n creu haen denau o fetel anfferrus rhwng y dur a'r elfennau (glaw/gwynt). Gallwn ni ei ddefnyddio ar gyfer goleuadau stryd a ffensys gan ei fod yn rhoi gorffeniad gwydn iawn.

Anodeiddio: rhoi alwminiwm mewn baddon o asid lle mae cerrynt trydan yn cael ei basio drwyddo. Yna caiff llifyn lliw ei ychwanegu, sy'n treiddio i arwyneb yr alwminiwm, gan ychwanegu lliw at ddibenion esthetig yn ogystal â gwella gallu'r darn alwminiwm i wrthsefyll cyrydiad.

↑ *Carabiners alwminiwm wedi'u hanodeiddio.* ↑ *Ffens ddur wedi'i galfanu.*

Araenu â phowdr: tebyg i drocharaenu â phlastig ond mae'r powdr plastig yn cael ei chwistrellu ar y metel; yn fwy cyffredin mewn diwydiant. Caiff y broses ei defnyddio'n bennaf ar gyfer nwyddau gwyn fel peiriannau golchi dillad a llestri, ac ati.

Glasu: gwresogi dur a'i drochi mewn olew. Mae'r olew'n treiddio i mewn i arwyneb y dur i greu haen wrth-gyrydol i amddiffyn y dur rhag rhwd. Mae'r gorffeniad yn tueddu i fod yn lliw glas/du. Mae 'glasu oer' hefyd yn bosibl drwy ddefnyddio cemegion yn hytrach na gwres ac olew. Caiff ei ddefnyddio ar gyfer offer ac i wneud gynnau.

Peintio: mae paent yn creu rhwystr rhwng arwyneb y metel a'r elfennau er mwyn gwrthsefyll cyrydiad, yn ogystal â chynnig llawer o ddewisiadau lliw at ddibenion esthetig. Byddai angen paratoi metel yn gyntaf gan ddefnyddio paent preimio. Mae rhai paentiau wedi'u dylunio'n benodol ar gyfer metelau, er enghraifft Hammerite. Byddai angen cynnal a chadw'r gorffeniad hwn yn barhaus ar gynhyrchion fel pontydd, llongau, pyst gôl, ac ati.

↑ *Paneli wedi'u haraenu â phowdr ar beiriant golchi gwyn.*

Term allweddol

Cyrydiad: ocsidiad ar arwyneb metelig, sef rhwd.

↑ *Llong ddur wedi'i pheintio.*

Enamlo: defnyddio tymereddau uchel i doddi powdr gwydr ar arwyneb metelig i greu rhwystr gwydr rhwng y metel a'r arwyneb er mwyn gwrthsefyll cyrydiad a rhoi apêl esthetig. Mae llawer o ddewisiadau lliw ar gael. Un o'r eitemau mwyaf cyffredin sydd wedi'i enamlo yw'r mwg tun, ond mae enamlo hefyd yn cael ei ddefnyddio'n aml i greu gemwaith.

Enghreifftiau o orffeniadau ar gyfer pren

Peintio: un o'r gorffeniadau mwyaf cyffredin ar gyfer arwynebau pren. Mae angen paratoi'r pren yn gyntaf â phaent preimio neu danbaent cyn rhoi cot o baent i orffennu. Mae'r gorffeniad yn gwrthsefyll traul y tywydd ac mae llawer o ddewisiadau lliw ar gael i roi apêl esthetig. Gall paent fod yn seiliedig ar ddŵr neu ar olew, a gallwn ni ddefnyddio brwsh neu ei chwistrellu.

Farnais: mae hwn yn tueddu i gael ei ddefnyddio os ydyn ni eisiau gweld 'graen' y pren (yn hytrach na'i orchuddio â phaent). Mae'r rhan fwyaf o farneisiau'n tueddu i fod yn dryloyw, felly gallwch chi ddal i weld y pren drwy'r gorffeniad mat neu sglein. Mae'n bosibl rhoi llawer o haenau i greu rhwystr rhwng yr elfennau a'r pren ei hun. Mae farnais polywrethan neu farnais 'cwch' yn wydn iawn ac yn cael ei ddefnyddio yn y diwydiant morol.

↑ *Mygiau enaml.*

↑ *Peintio pren.*

↑ *Farneisio pren.*

Staeniau: mae staeniau pren yn tueddu i fod ag ansawdd mwy 'dyfrllyd' ac yn gyffredinol rydyn ni'n eu rhoi nhw ar y pren â brwsh. Mae staeniau'n treiddio i arwyneb y pren ac yn amddiffyn rhag yr elfennau, ac maen nhw hefyd yn ychwanegu gwahanol ddewisiadau lliw at ddibenion esthetig.

Cwyr: mae cwyro pren yn creu gorffeniad gwrth-ddŵr ar yr arwyneb, a gallwn ni fwffio/llathru hwn i greu gorffeniad llyfn iawn sy'n edrych yn naturiol. Mae cwyr yn dda ar gyfer cynhyrchion dan do ac mae'n edrych yn dda os ydych chi eisiau gweld tonau naturiol y pren ei hun.

↑ *Staenio pren.*

↑ *Cwyro pren.*

Gorffeniadau ar gyfer plastigion

Mae plastig yn ddefnydd â llawer o briodweddau gwych (cymhareb cryfder-i-bwysau, gallu cael ei fowldio i unrhyw siâp, lliwiau amrywiol) ac mae ganddo hefyd y briodwedd arbennig o fod yn **hunan-orffennu**. Yn wahanol i'r defnyddiau eraill rydyn ni wedi'u trafod, mae plastig yn gallu hunan-orffennu, sy'n golygu nad oes rhaid iddo fynd drwy broses arall i'w orffennu. I lawer o gwmnïau, mae hyn yn golygu arbed llawer o arian gan na fyddai'n rhaid iddyn nhw brynu cyfarpar ychwanegol, buddsoddi mewn mwy o le, na hyfforddi a thalu mwy o staff i orffennu eu cynhyrchion plastig.

Mae'r 'gorffeniad' ar gynhyrchion plastig yn cael ei ddewis yn ystod y cam dylunio a byddai'r gorffeniad hwnnw ar du mewn y 'mowld' plastig. Felly, pan ddaw'r cynnyrch plastig allan o'r mowld, mae hefyd yn cadw gorffeniad arwyneb y mowld.

Gorffeniad llyfn, sgleiniog

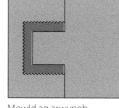 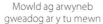 

Mowld ag arwyneb llyfn ar y tu mewn

Gorffeniad llyfn ar y cynnyrch plastig terfynol

Gorffeniad garw, gweadog

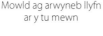 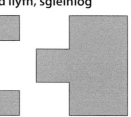

Mowld ag arwyneb gweadog ar y tu mewn

Gorffeniad gweadog ar y cynnyrch plastig terfynol

⬆ *Enghraifft o'r gwahanol orffeniadau ar gynnyrch plastig sy'n cael eu rhoi gan y mowld.*

Fodd bynnag, wrth weithio â rhai prosesau cynhyrchu, gall fod angen gorffennu cynhyrchion plastig. Dyma rai enghreifftiau:
- **Torri neu lifio plastig**: gallai'r broses hon adael ymyl o blastig garw a gallai fod angen ei llyfnhau hi â phapur sgraffinio mân neu hyd yn oed ei bwffio hi ar beiriant llathru.
- **Cynhyrchion wedi'u hargraffu mewn 3D**: mae'r cynhyrchion plastig hyn yn tueddu i fod wedi'u gwneud o 'wifren' blastig sy'n gadael gwrymiau o gwmpas y cynnyrch i gyd. Mae'n bosibl gorffennu hwn â phapur sgraffinio mân.

⬆ *Gallai torri plastig â'r peiriant CNC hwn adael ymylon garw.*

➡ *Detholiad o gynhyrchion plastig wedi'u cynhyrchu ag argraffydd 3D.*

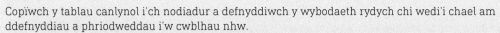

Tasg 3.2

Copïwch y tablau canlynol i'ch nodiadur a defnyddiwch y wybodaeth rydych chi wedi'i chael am ddefnyddiau a phriodweddau i'w cwblhau nhw.

Metelau fferrus		
Enw	**Y cynnyrch mae'n cael ei ddefnyddio ar ei gyfer**	**Priodweddau gofynnol**

Metelau anfferrus		
Enw	**Y cynnyrch mae'n cael ei ddefnyddio ar ei gyfer**	**Priodweddau gofynnol**

Aloion			
Enw	**Metel gwreiddiol**	**Y cynnyrch mae'n cael ei ddefnyddio ar ei gyfer**	**Priodweddau gofynnol**

Polymerau (plastigion)			
Enw	**Thermoplastigion neu Plastigion thermosodol**	**Y cynnyrch mae'n cael ei ddefnyddio ar ei gyfer**	**Priodweddau gofynnol**

Defnyddiau clyfar		
Enw	**Y cynnyrch lle mae'n cael ei ddefnyddio**	**Priodweddau gofynnol**

(yn parhau drosodd)

Tasg 3.2 *parhad*

Defnyddiau cyfansawdd		
Enw	**Y cynnyrch mae'n cael ei ddefnyddio ar ei gyfer**	**Priodweddau gofynnol**

Gorffeniadau		
Cynnyrch	**Gorffeniad posibl**	**Pam defnyddio'r gorffeniad hwn?**
Pyst gôl		
Goleuadau stryd		
Lifer brêc ar gyfer beic mynydd		
Bachyn ar gyfer sied ardd		
Dec pren mewn cwch hwylio		

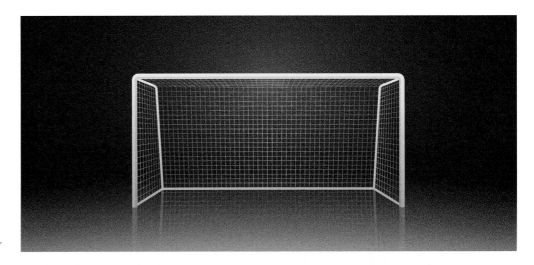

➜ *Pa orffeniad byddech chi'n ei ddefnyddio ar gyfer y postyn gôl uchod a'r dec cwch isod?*

Nodi Nodweddion Cynhyrchion sy'n Gweithio

4

Yn y bennod hon, rydych chi'n mynd i wneud y canlynol:

→ Dysgu sut i ddadansoddi cynhyrchion sy'n bodoli yn effeithiol
→ Dysgu sut gallwn ni ddefnyddio geiriau allweddol i adnabod cynhyrchion a'u dadansoddi
→ Deall y term 'peirianneg wrthdro' a sut i'w wneud
→ Dysgu'r gwahaniaethau rhwng darnau cydrannol cynnyrch
→ Deall sut mae gwahanol ddarnau o gynnyrch yn gweithio gyda'i gilydd.

Bydd y bennod hon yn ymdrin â'r meysydd canlynol ym manyleb CBAC:

Uned 1 DD1 Gwybod sut mae cynhyrchion peirianyddol yn bodloni gofynion	
MPA1.1 Nodi nodweddion sy'n cyfrannu at brif swyddogaeth cynhyrchion peirianyddol	Nodweddion: cydrannau; cydrannau trydanol; cydrannau mecanyddol; priodweddau defnyddiau cydrannol
MPA1.2 Nodi nodweddion cynhyrchion peirianyddol sy'n bodloni gofynion briff	Gofynion: esthetig; yr amgylchedd (lle maen nhw'n cael eu defnyddio); defnyddiwr/cwsmer/cleient; cost; diogelwch; ergonomeg; maint; cyfyngiadau; cynaliadwyedd
MPA1.3 Disgrifio sut mae cynhyrchion peirianyddol yn gweithredu	Gweithrediad: y gydberthynas rhwng cydrannau
Uned 1 DD3 Gallu cynnig datrysiadau dylunio	
MPA3.1 Datblygu syniadau creadigol ar gyfer cynhyrchion peirianyddol	Syniadau creadigol: nodi nodweddion cynhyrchion peirianyddol eraill

Rhagymadrodd

Mae Peirianwyr yn tueddu i fod yn bobl greadigol ac arloesol sy'n datrys problemau. Maen sawl defnyddio eu sgiliau a'u gwybodaeth i ddewis defnyddiau a datblygu dyluniadau, ac maen nhw'n weithwyr allweddol wrth greu cynhyrchion newydd. Fodd bynnag, mae Peirianwyr hefyd yn datblygu sgiliau sy'n eu galluogi nhw i ddysgu oddi wrth gynhyrchion y gorffennol a'r presennol. Drwy ddysgu oddi wrth ddatrysiadau eraill, gall Peirianwyr wella eu cronfa wybodaeth a'u sgiliau a bydd hynny, yn ei dro, yn eu galluogi nhw i optimeiddio eu datrysiadau peirianyddol a chreu cynhyrchion gwell, mwy effeithlon yn y dyfodol. Enw arall ar y broses hon o 'ddarganfod pethau' yw ymchwil.

Mae sawl ffordd o ddysgu o gynhyrchion sy'n bodoli eisoes, neu ymchwilio iddynt, ac yma byddwch chi'n dysgu am ddwy o'r technegau mwyaf cyffredin:

- dadansoddi cynnyrch
- peirianneg wrthdro.

Term allweddol

Ymchwil: y broses o ddarganfod pethau.

← Mae ymchwil yn eich helpu chi i ddysgu o brofiadau pobl eraill.

Dadansoddi cynnyrch

Ffordd o ddadansoddi cynhyrchion yn erbyn meini prawf penodol yw dadansoddi cynnyrch.

Felly, gallech chi **edrych ar** gynnyrch sy'n bodoli a'i **deimlo** (e.e. y ffôn symudol yn eich poced) ac yna gofyn: 'Ydy'r ffôn yn edrych yn dda? Ydy hi'n hawdd gafael ynddo? Ydy hi'n hawdd ei ddefnyddio? Ydy'r ffôn yn drwm neu'n ysgafn?' A drwy ofyn y cwestiynau hyn byddwch chi'n dechrau dod o hyd i atebion fyddai'n eich helpu chi i greu ffôn symudol â holl nodweddion gorau'r un rydych chi newydd ei ddadansoddi.

Pa gwestiynau eraill dylech chi eu gofyn wrth ddadansoddi cynhyrchion sy'n bodoli?

Yn ffodus, mae model syml yn bodoli sy'n cynnwys llawer o'r penawdau a'r teitlau y gallech chi eu defnyddio i ddadansoddi cynnyrch. Fodd bynnag, cofiwch mai model syml yw hwn ac mai dim ond y teitlau mwyaf syml sydd arno. Mae ychwanegu mwy o deitlau (gofyn mwy o gwestiynau) hefyd yn arfer da gan fod hynny'n caniatáu i chi gasglu gwybodaeth fanylach byth.

I ddadansoddi cynnyrch, byddai defnyddio'r model ACCESSFM yn fan dechrau da, fel mae'r tabl canlynol yn ei ddangos:

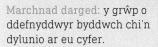

ACCESSFM		
A = ESTHETIG (Aesthetic)		• Sut mae'r cynnyrch yn edrych. • Ydy'r farchnad darged yn meddwl ei fod yn edrych yn dda? • Ydy'r cynnyrch wedi'i orffennu'n dda â lliwiau priodol?
C = COST	£	• Faint mae'r cynnyrch yn ei gostio i'w brynu? • Faint i'w wneud? • Faint i'w redeg? • Ydy'r farchnad darged yn gallu ei fforddio? • Ydy'r cynnyrch yn ddrud neu'n rhad?
C = CWSMER		• Pwy yw'r cwsmer/marchnad darged? • Beth sy'n apelio at y cwsmer/marchnad darged a pham? • Ydy'r cwsmeriaid/marchnad darged angen neu eisiau'r cynnyrch?

(yn parhau drosodd)

ACCESSFM *parhad*

E = AMGYLCHEDD **(Environment)**		• Ble caiff y cynnyrch ei ddefnyddio? • Sut caiff ei ddefnyddio yno? • Pa adnoddau gafodd eu defnyddio i'w gynhyrchu? • Ydy'r cynnyrch yn gynaliadwy? • Oes modd ei ailgylchu? • Ydy'r cynnyrch yn cael effaith gadarnhaol neu negyddol ar yr amgylchedd lleol a'r amgylchedd mwy?
S = DIOGELWCH **(Safety)**		• Ydy'r cynnyrch yn ddiogel i'w ddefnyddio i'r cwsmer/marchnad darged neu yn ei amgylchedd? • Ydy'r cynnyrch yn bodloni'r holl reoliadau diogelwch? • Ydy'r cynnyrch yn ddiogel i'w wneud?
S = MAINT **(Size)**		• Pa rifau neu werthoedd gallwch chi eu priodoli i'r cynnyrch? • Pam mae angen iddo fod mor fawr/bach? • Pa feintiau fyddai'n berthnasol i'r cwsmer/marchnad darged? • Oes modd graddio'r cynnyrch (i fyny neu i lawr) i'w wneud yn well?
F = GWEITHREDIAD **(Function)**		• Ydy'r cynnyrch yn gweithio'n dda? • Ydy'r cynnyrch yn gallu gwneud y gwaith mae i fod i'w wneud? • Ydy'r cynnyrch yn gweithio i'r cwsmer/marchnad darged? • Ydy'r cynnyrch yn gweithio'n dda yn ei amgylchedd?
M = DEFNYDDIAU **A THECHNEGAU** **GWEITHGYNHYRCHU** **(Materials and** **manufacturing** **Techniques)**		• Pa ddefnyddiau sydd wedi cael eu dewis i wneud y cynnyrch a pham? • Pa briodweddau sydd eu hangen gan y defnyddiau i ganiatáu i'r cynnyrch weithio'n dda? • Ydy'r defnyddiau'n adnewyddadwy neu'n anadnewyddadwy? • Ydy hi'n bosibl eu hailgylchu nhw? • Pa brosesau gafodd eu defnyddio i wneud y cynnyrch? • Ydy'r prosesau'n addas neu allwch chi gynnig ffyrdd mwy addas o wneud y cynnyrch?

Term allweddol

Cynaliadwy: ydy hi'n bosibl cynnal prosesau gweithgynhyrchu'r cynnyrch (ydy'r cynnyrch wedi'i wneud o adnoddau cynaliadwy)?

Cyngor

Fel y nodwyd, mae ACCESSFM yn fodel cychwynnol da i'w ddefnyddio wrth ofyn cwestiynau. Fodd bynnag, i gael mwy o fanylder efallai yr hoffech chi ddefnyddio teitlau ychwanegol i ddadansoddi cynnyrch.

Os nad yw ACCESSFM yn cynnwys y teitl mae ei angen arnoch chi i ddarganfod rhywbeth, efallai y bydd angen i chi ychwanegu eich teitlau a'ch penawdau penodol eich hun wrth ddadansoddi cynnyrch.

Dyma rai penawdau a theitlau eraill y gallech chi eu hystyried:

Rhagor o benawdau		
ANTHROPOMETREG (Groeg: *ANDROS* = dyn, *METRON* = mesuriadau)		• Beth yw maint eich marchnad darged a sut byddai hynny'n effeithio ar feintiau a safleoedd eich cynnyrch (meddyliwch am sedd car i blentyn)? • Mae llawer o ddata anthropometrig ar gael ar y rhyngrwyd a fyddai'n ddefnyddiol os ydych chi'n creu dodrefn i blant.
ERGONOMEG (tebyg i GWEITHREDIAD yn ACCESSFM)		• Ydy eich cynnyrch yn gweithio'n dda mewn perthynas â'r cwsmer/marchnad darged? • Fydd y meintiau, safleoedd, gweadau, gorffeniadau, dewis defnydd, yn dibynnu ar bwy rydych chi'n dylunio ar eu cyfer (marchnad darged)? • Ydy'r cynnyrch yn gweithio yn ei amgylchedd? Ydy hi'n hawdd/cyfforddus ei ddefnyddio?
GOFYNION Y DEFNYDDIWR		• Ydy'r cynnyrch yn bodloni holl anghenion y defnyddwyr posibl? • Oes yna unrhyw beth dydy'r cynnyrch ddim yn ei wneud yn dda i'r defnyddwyr?
DEFNYDDIO PŴER/ EGNI		• Sut mae'r cynnyrch yn cael ei bweru? • Ai batri, y prif gyflenwad neu bŵer solar sy'n ei bweru? • Oes angen cebl arno? • Ydy'r pŵer yn gludadwy? • Oes modd ei ailwefru?
LEFELAU CYNHYRCHU		• Sut cafodd y cynnyrch ei gynhyrchu? • Ydy'r cynhyrchu'n gyflym, a'r cynnyrch yn un o filiynau mewn ffatri neu oedd crefftwr yn ei wneud dros gyfnod hirach? • Sut bydd hyn yn effeithio ar gost, ac ati?
GOFYNION CYFREITHIOL		• Ydy'r cynnyrch hwn yn gopi neu'n cael ei gopïo? • Oes yna ffordd o arloesi y gallwch chi, neu na allwch chi, ei defnyddio?
CYFYNGIADAU		• Beth sy'n cyfyngu ar y cynnyrch? • Oes yna unrhyw gyfyngiadau i'r ffordd mae'n gweithio? • Ydy defnyddio'r cynnyrch wedi'i gyfyngu i amgylchedd/cwsmer/amser?

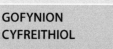

Term allweddol

Arloesi: Cymryd rhywbeth sy'n bodoli yn barod a'i wella.

Peirianneg wrthdro

Mae peirianneg wrthdro'n broses debyg iawn i ddadansoddi cynnyrch. Wrth wneud peirianneg wrthdro, rydych chi'n dal i ddadansoddi cynhyrchion i gael gwybodaeth y gellid ei defnyddio i wella eich datrysiadau peirianyddol. Gallwch chi hefyd ddefnyddio penawdau a theitlau i ddadansoddi'r cynnyrch. Fodd bynnag, yn hytrach na dim ond dadansoddi cynnyrch, mae peirianneg wrthdro'n datgysylltu cynnyrch fesul darn i ddarganfod pethau fel sut cafodd ei roi at ei gilydd, sut cafodd ei weithgynhyrchu, beth yw'r gydberthynas rhwng pob darn cydrannol, pa ddarnau cydrannol sydd wedi'u cuddio, a ble mae'r darnau cudd, arloesol allai fod yn hanfodol er mwyn i'r cynnyrch weithio'n iawn. Yn eithaf aml, mae Peirianwyr yn edrych ar y dasg peirianneg wrthdro o ddau wahanol safbwynt:

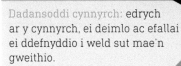

Term allweddol

Dadansoddi cynnyrch: edrych ar y cynnyrch, ei deimlo ac efallai ei ddefnyddio i weld sut mae'n gweithio.

- **dadansoddi allanol**

a

- **dadansoddi mewnol**.

Gall dadansoddiad allanol ar gynnyrch ganolbwyntio ar (ymysg pethau eraill) y wybodaeth mae'r cynnyrch yn ei rhoi i'r defnyddiwr fel edrychiad, teimlad, mannau rhyngweithiol (botymau/liferi, ac ati), priodweddau a defnyddiau.

Gall dadansoddiad mewnol ar gynnyrch ganolbwyntio ar (ymysg pethau eraill) y prosesau gweithgynhyrchu, cydosod, cydrannau cudd, gosodiadau, cynnal a chadw, defnyddiau, priodweddau a'r gydberthynas rhwng cydrannau gwahanol.

Dyma rai penawdau a theitlau gallwch chi eu defnyddio i ddadansoddi cynnyrch sy'n bodoli wrth ddefnyddio peirianneg wrthdro:

Allanol:
- ACCESSFM (ac eraill).

Mewnol:
- ACCESSFM (ac eraill)
- cydrannau
- cydosod
- atgyweirio/cynnal a chadw
- ailgylchu
- cydberthynas
- arloesi.

↑ *Mae ailgylchu'n ystyriaeth bwysig wrth ddadansoddi cynhyrchion.*

Tasg 4.1

Gan ddefnyddio eich gwybodaeth am ddadansoddi cynnyrch a pheirianneg wrthdro, cwblhewch y dasg ganlynol.

Edrychwch ar y lluniau o sugnwyr llwch isod ac atebwch y cwestiynau canlynol:
1. Pa un yw'r Dyson?
2. Pam maen nhw i gyd mor debyg?
3. Allwch chi esbonio canlyniadau unrhyw ddadansoddiad cynnyrch neu beirianneg wrthdro?

a

b

c

ch

Nodi darnau cydrannol cynnyrch

Wrth ddadansoddi cynhyrchion sy'n bodoli, mae'n arfer da i Beiriannydd allu categoreiddio'r cydrannau sy'n cael eu defnyddio mewn cynhyrchion yn gyflym. Drwy gategoreiddio'r cydrannau amrywiol, gallwch chi nodi'n gyflym systemau gwahanol sy'n mynd tuag at greu'r cynnyrch ac yna gweld y gydberthynas rhwng y systemau hynny a sut maen nhw'n gweithio gyda'i gilydd i wneud i'r cynnyrch weithio.

Dyma'r categorïau gwahanol o gydrannau:
- darnau cydrannol
- cydrannau trydanol
- cydrannau mecanyddol
- defnyddiau a'u priodweddau.

Tasg 4.2

Isod mae pedwar pâr o luniau o sychwr gwallt syml. Mae golygon mewnol ar y cynnyrch ar y chwith, ac mae golygon gyda'r cas/gorchudd yn ei le ar y dde.

Dyma'r rhestr o ddarnau cydrannol:
- cas
- gorchudd elfen
- gorchudd llwch
- elfen wresogi

- gwifren gopr ynysedig
- sgriwiau
- fflecs gwifren
- switsh buanedd

- switsh gwres
- gwyntyll
- modur trydanol.

Edrychwch ar y categorïau canlynol o gydrannau yn y sychwr gwallt. Brasluniwch y sychwyr gwallt yn eich nodiadur a, gan ddefnyddio saethau, enwch a labelwch bob darn perthnasol (*bydd rhai o ddarnau'r sychwr gwallt yn ffitio mewn mwy nag un categori*).

Darnau cydrannol

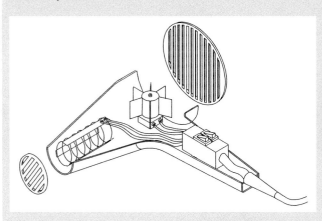
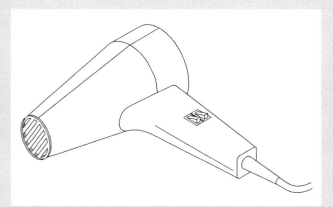

Cydrannau trydanol

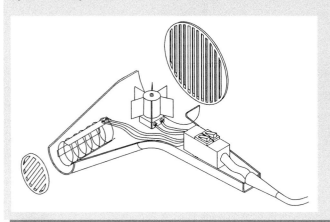
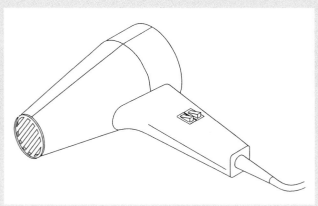

Tasg 4.2 *parhad*

Cydrannau mecanyddol

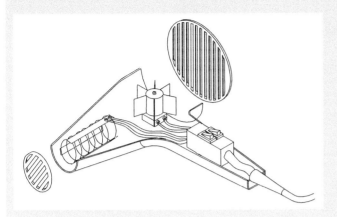
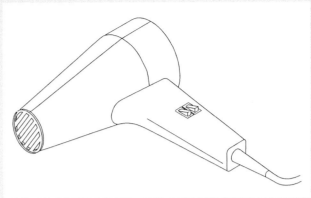

Defnyddiau a'u priodweddau

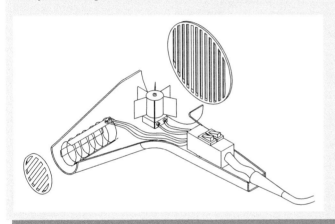
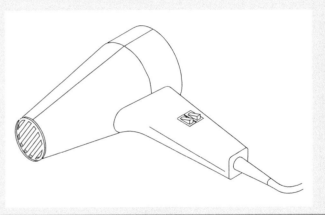

Tasg 4.3

Tynnwch lun o gynnyrch o'ch cartref neu ar y rhyngrwyd a cheisiwch nodi a labelu'r canlynol:

- darnau cydrannol
- cydrannau trydanol
- cydrannau mecanyddol
- defnyddiau a'u priodweddau.

Cyflwynwch eich gwaith ar ddalen A3. Gallwch chi wneud hyn â llaw neu ar gyfrifiadur, neu ddefnyddio'r ddau ddull.

Sut mae cynhyrchion yn gweithio

Mae angen i Beirianwyr ddeall hefyd sut mae cynhyrchion yn gweithio. Mae cynhyrchion sy'n bodoli fel arfer wedi'u gwneud o lawer o ddarnau cydrannol llai sydd i gyd yn gweithio gyda'i gilydd i greu cynnyrch sy'n gweithio. Weithiau, bydd gan y cynnyrch ddarnau sy'n symud/mecanweithiau, ac weithiau gallai'r cynnyrch fod yn llonydd ond yn dal i gynnwys nifer o gydrannau gwahanol … hyd yn oed gorffeniad yn unig (mae mwy o sôn am orffeniadau ym Mhennod 3).

Rydych chi eisoes wedi dysgu sut i nodi'r darnau cydrannol mewn cynnyrch ac nawr gallwch chi labelu cydrannau unigol ar wahân.

Nawr mae angen i chi weld sut mae'r cydrannau hynny'n gweithio **gyda'i gilydd** i greu cynnyrch sy'n gweithio, ac 'esbonio' y gydberthynas rhwng y darnau cydrannol sy'n creu cynnyrch sy'n gweithio.

Edrychwch ar y diagram o'r beic isod. Allwch chi weld y darnau cydrannol?

Mae holl ddarnau cydrannol y beic isod wedi'u labelu ag esboniadau o'u swyddogaeth.

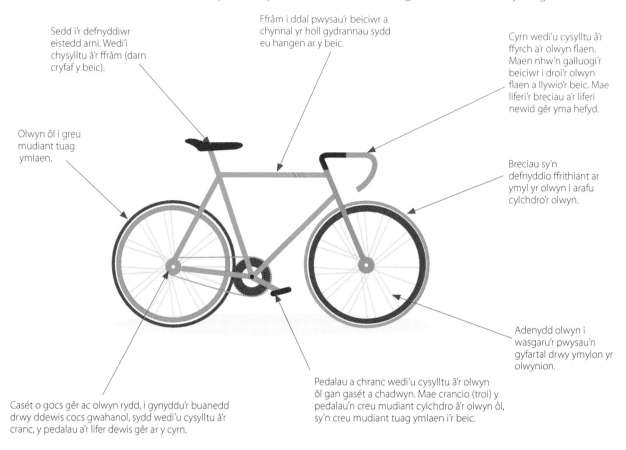

Sedd i'r defnyddiwr eistedd arni. Wedi'i chysylltu â'r ffrâm (darn cryfaf y beic).

Ffrâm i ddal pwysau'r beiciwr a chynnal yr holl gydrannau sydd eu hangen ar y beic.

Cyrn wedi'u cysylltu â'r ffyrch a'r olwyn flaen. Maen nhw'n galluogi'r beiciwr i droi'r olwyn flaen a llywio'r beic. Mae liferi'r breciau a'r liferi newid gêr yma hefyd.

Olwyn ôl i greu mudiant tuag ymlaen.

Breciau sy'n defnyddio ffrithiant ar ymyl yr olwyn i arafu cylchdro'r olwyn.

Adenydd olwyn i wasgaru'r pwysau'n gyfartal drwy ymylon yr olwynion.

Casét o gocs gêr ac olwyn rydd, i gynyddu'r buanedd drwy ddewis cocs gwahanol, sydd wedi'u cysylltu â'r cranc, y pedalau a'r lifer dewis gêr ar y cyrn.

Pedalau a chranc wedi'u cysylltu â'r olwyn ôl gan gasét a chadwyn. Mae crancio (troi) y pedalau'n creu mudiant cylchdro â'r olwyn ôl, sy'n creu mudiant tuag ymlaen i'r beic.

Tasg 4.4

1. O'r rhestr isod, enwch ddarnau cydrannol y dril sydd i'w weld yn y llun ar y dde.
2. Copïwch y llun o'r dril i'ch nodiadur a, gan ddefnyddio saethau (lle mae eu hangen), lluniadwch gysylltiadau rhwng y darnau cydrannol sy'n gweithio'n uniongyrchol gyda'i gilydd.
3. Ysgrifennwch a disgrifiwch sut mae'r darnau cydrannol yn cydberthyn i greu dril sy'n gweithio.

Darnau cydrannol:
- pecyn batri
- gwrthydd newidiol
- clicied (triger)
- modur trydanol
- geriad
- crafanc
- ebill dril
- gwifrau copr
- cysylltwyr gwifrau.

Term allweddol

Cydberthyn: gweithio gyda'i gilydd.

Tasg 4.5

Ar ddalen arall o bapur A3, dewiswch gynnyrch (dril, sychwr gwallt, beic neu rywbeth arall) i'w ddadansoddi.

Rhowch lun o'r cynnyrch rydych chi wedi'i ddewis yng nghanol eich tudalen A3 a lluniadwch gysylltiadau rhwng y prif ddarnau cydrannol.

Disgrifiwch sut mae'r darnau cydrannol yn cydberthyn i gyflawni swyddogaeth.

Ceisiwch ddewis cynnyrch/llun lle gallwch chi weld y darnau cydrannol.

Ceisiwch ddewis cynnyrch syml.

Defnyddiwch lawer o anodi i esbonio/disgrifio'r swyddogaethau.

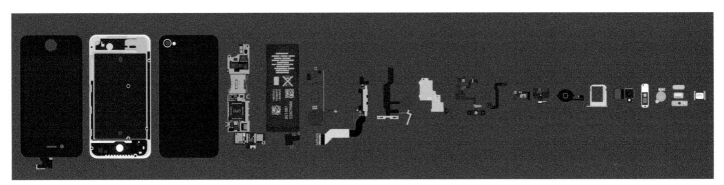

↑ *Cydrannau ffôn symudol wedi'u dadgydosod.*

5

Dadansoddi a Dylunio Cynhyrchion i Fodloni Briff

Yn y bennod hon, rydych chi'n mynd i wneud y canlynol:

→ Dadansoddi briff dylunio
→ Nodi nodweddion allweddol briff dylunio
→ Nodi nodweddion allweddol cynhyrchion sy'n bodoli sy'n gysylltiedig â briff dylunio
→ Dechrau datblygu datrysiadau ar gyfer briff dylunio gan ddefnyddio'r sgiliau cyfathrebu rydych chi wedi'u dysgu.

Bydd y bennod hon yn ymdrin â'r meysydd canlynol ym manyleb CBAC:

Uned 1 DD3 Gallu cynnig datrysiadau dylunio	
MPA3.1 Datblygu syniadau creadigol ar gyfer cynhyrchion peirianyddol	Syniadau creadigol: nodi nodweddion cynhyrchion peirianyddol eraill; cynnig syniadau; ystyried y broses o roi syniadau ar waith
Uned 3 DD4 Gallu datrys problemau peirianneg	
MPA4.3 Dadansoddi sefyllfaoedd ar gyfer problemau peirianyddol	Dadansoddi: hidlo gwybodaeth; syntheseiddio gwybodaeth; nodi pwyntiau amlwg; nodi gofynion
MPA4.4 Cynnig datrysiadau mewn ymateb i broblemau peirianyddol	Cynnig datrysiadau: cyfathrebu; strwythur rhesymegol

Rhagymadrodd

Rydyn ni eisoes wedi dysgu sut mae angen i Beirianwyr gyfathrebu'n effeithiol â phobl sydd ddim yn Beirianwyr a hefyd â Pheirianwyr eraill. Weithiau byddai angen i Beiriannydd hefyd gyfathrebu â chwsmeriaid, cleientiaid a chydweithwyr o fewn eu cwmni. Yn gyffredinol, y grwpiau hyn o bobl yw'r rhai fydd yn rhoi tasgau i'r peirianwyr eu cyflawni. Enw ffurfiol y 'tasgau wedi'u rhoi' hyn yw'r briff dylunio.

Briffiau dylunio

Gall briff dylunio fod ar sawl ffurf. Weithiau gallai fod yn drafodaeth anffurfiol â'r Peiriannydd am yr hyn y byddai ei angen, cyn gadael i'r Peiriannydd gynnig datrysiadau. Bryd arall, efallai y bydd Peiriannydd yn cael dogfen wedi'i hysgrifennu'n ffurfiol sy'n amlinellu llawer o feysydd penodol sydd angen sylw. Y naill ffordd neu'r llall, gwaith y Peiriannydd yw gallu dadansoddi briff yn effeithiol, nodi nodweddion allweddol perthnasol y briff a chynnig nifer o ddatrysiadau fyddai'n bodloni/cyflawni'r briff.

Dyma enghraifft o friff dylunio ysgrifenedig. Gallai fod yn gyfres nodweddiadol o ddatganiadau y byddai Peiriannydd yn eu cael gan gleientiaid/cydweithwyr.

Briff dylunio

Mae cwmni sy'n gwneud llawer o feiciau ac ategolion beiciau yn bwriadu cynhyrchu math newydd o feic yn benodol i'w ddefnyddio ar gyfer siopwyr ar y stryd fawr. Gallai'r datrysiad fod yn feic, treisicl neu unrhyw gyfuniad beicio fyddai orau i'r dasg siopa. Byddai angen gwneud y datrysiad beicio o ddefnyddiau sy'n bodoli eisoes ac yn cael eu defnyddio gan y gwneuthurwr ar hyn o bryd, i sicrhau bod cynhyrchu'r cynnyrch newydd yn ddichonadwy. Mae angen digon o le i gludo eitemau siopa (dillad, bwydydd, ac ati) yn ogystal ag opsiwn o ran diogelwch. Byddai angen i'r datrysiad beicio newydd gael ei ddefnyddio gan amrywiaeth o bobl o wahanol daldra a maint. Hefyd, byddai angen i'r farchnad darged allu fforddio prynu'r beic newydd, felly byddai angen ystyried y gost weithgynhyrchu.

Mae'r briff hwn yn cynnwys nodweddion allweddol y byddai eu hangen ar Beiriannydd i gynhyrchu datrysiadau llwyddiannus. Fodd bynnag, mae hefyd yn cynnwys darnau o wybodaeth fyddai ddim mor ddefnyddiol â hynny wrth ddatblygu datrysiadau. Felly, beth am amlygu'r holl nodweddion allweddol sydd i'w gweld?

Briff dylunio â'r nodweddion allweddol wedi'u hamlygu

Mae cwmni sy'n gwneud llawer o feiciau ac ategolion beiciau yn bwriadu cynhyrchu math newydd o feic yn benodol i'w ddefnyddio ar gyfer siopwyr ar y stryd fawr. Gallai'r datrysiad fod yn feic, treisicl neu unrhyw gyfuniad beicio fyddai orau i'r dasg siopa. Byddai angen gwneud y datrysiad beicio o ddefnyddiau sy'n bodoli eisoes ac yn cael eu defnyddio gan y gwneuthurwr ar hyn o bryd, i sicrhau bod cynhyrchu'r cynnyrch newydd yn ddichonadwy. Mae angen digon o le i gludo eitemau siopa (dillad, bwydydd, ac ati) yn ogystal ag opsiwn o ran diogelwch. Byddai angen i'r datrysiad beicio newydd gael ei ddefnyddio gan amrywiaeth o bobl o wahanol daldra a maint. Hefyd, byddai angen i'r farchnad darged allu fforddio prynu'r beic newydd, felly byddai angen ystyried y gost weithgynhyrchu .

Ar ôl amlygu'r nodweddion allweddol rydych chi'n gallu eu canfod, gallwch chi ailysgrifennu'r briff dylunio ar fformat cryno, neu hyd yn oed ysgrifennu rhestr pwyntiau bwled o bethau mae'r cleient/cydweithiwr wedi gofyn i chi eu cynhyrchu.

Briff cryno

Datblygu beic newydd ar gyfer siopwyr. Gall gynnwys unrhyw gyfuniad beicio. Mae angen ei wneud o ddefnyddiau sy'n cael eu defnyddio ar hyn o bryd ac mae angen iddo fod yn hawdd ei gynhyrchu. Mae angen lle i storio pethau ac mae angen gallu ei addasu a'i gloi, ac mae'n rhaid iddo fod yn rhad.

Ac nawr, beth am restr syml iawn o bwyntiau bwled o'r nodweddion allweddol?

Rhestr briff pwyntiau bwled

- Beic i siopwyr
- Dwy, dair neu bedair olwyn
- Defnyddiau presennol (gwneuthurwr)
- Hawdd ei wneud (gwneuthurwr)
- Lle storio
- Addasadwy
- Modd ei gloi o bosibl
- Rhad.

Termau allweddol

Dichonadwy: hylaw/posibl.
Nodweddion allweddol: darnau perthnasol o wybodaeth.

Term allweddol

Cryno: wedi'i leihau drwy ddileu unrhyw beth nad oes ei angen.

Ar ôl cwblhau'r rhestr, gallwch chi fynd ati i'w blaenoriaethu hi, er mwyn rhoi sylw yn gyntaf i'r dasg/meysydd mae'n bwysicaf edrych arnynt. Mae hyn hefyd yn helpu i nodi pa adnoddau efallai bydd eu hangen a phryd i gael yr adnoddau hynny.

Rhestr briff pwyntiau bwled wedi'i blaenoriaethu

Trefn pwysigrwydd: 1 = pwysicaf
8 = lleiaf pwysig

1. Beic i siopwyr
2. Rhad
3. Lle storio
4. Addasadwy
5. Defnyddiau presennol (gwneuthurwr)
6. Hawdd ei wneud (gwneuthurwr)
7. Dwy, tair neu bedair olwyn
8. Modd ei gloi o bosibl.

Fel y gwelwch chi, mae'r gallu a'r sgìl i dynnu'r nodweddion allweddol allan o friff dylunio'n gallu bod o fudd i Beiriannydd sy'n ceisio canfod beth yn union sydd ei angen mewn datrysiad peirianyddol.

Cyngor

Mae rhestr o nodweddion allweddol mae'n hawdd eu nodi yn gallu arbed amser a lleihau dryswch. Mae hefyd yn caniatáu i'r Peiriannydd flaenoriaethu tasgau ac adnoddau.

Tasg 5.1

Darllenwch y briff canlynol. Gan ddefnyddio eich gwybodaeth newydd am sut i ddadansoddi briffiau dylunio, nodwch nodweddion allweddol y briff ac yna, yn eich nodiadur, ysgrifennwch fersiwn byrrach, mwy cryno. Ar ôl i chi gwblhau'r ymarfer hwnnw, ysgrifennwch restr wedi'i blaenoriaethu o'r pwyntiau allweddol gan roi'r 'pwysicaf' yn gyntaf a'r 'lleiaf pwysig' yn olaf.

Ar ôl cwblhau'r rhestr, cymharwch y rhestr wedi'i blaenoriaethu â'r briff gwreiddiol.

Pa un fyddai'n haws gweithio ag ef a pham?

Briff dylunio

Mae cwmni gweithgynhyrchu ceir yn bwriadu datblygu system olwyn lywio 'gyffredinol' newydd ar gyfer ei ddewis newydd o geir. Mae'r diwydiant ceir 'addasadwy' newydd wedi bod yn llwyddiant ac mae'r gwneuthurwr am fod yn rhan o'r duedd sy'n tyfu.

Mae'n archwilio'r posibilrwydd y gallai fod gan bob cwsmer ei olwyn lywio ei hun sydd wedi'i dylunio'n unigol, a'i bod hi'n hawdd i'r cwsmeriaid ddad-glipio'r olwyn a'i hailddefnyddio yn eu modelau ceir eraill os oes angen.

Mae'n rhaid i'r olwynion llywio newydd fod yn hollol addasadwy, â'r opsiwn i amnewid dyluniadau, steiliau ac ategolion, gyda golwg ar ddatblygu mwy o 'opsiynau' yn y dyfodol. Mae'n rhaid i'r olwynion llywio newydd fod â system ffitio gyffredinol y gellir ei defnyddio ar bob model car arall gan yr un gwneuthurwr. Mae'n rhaid iddi fod yn hawdd rhoi'r olwynion newydd ar y golofn lywio a'u tynnu nhw i ffwrdd, heb ddim mwy nag un botwm neu lifer i gyflawni'r gweithrediad hwn.

Mae'n rhaid i chi hefyd edrych ar faint byddai'n ei gostio yn ogystal â'r posibilrwydd o wella diogelwch.

Blaenoriaethau

1.
2.
3.

Creu datrysiadau o friff dylunio

Ar ôl i chi ddatblygu'r gallu i adnabod a dethol nodweddion allweddol briff, gallwch chi nawr eu defnyddio nhw i ddechrau creu datrysiadau sy'n mynd tuag at fodloni'r briff.

Tasg 5.2

Mae'r dasg hon yn cynnwys dau friff dylunio gwahanol.
- Nodwch nodweddion allweddol pob briff.
- Lluniadwch ddatrysiad gan ddefnyddio techneg luniadu gydnabyddedig.
- Anodwch a disgrifiwch y nodweddion allweddol (gan gynnwys y dewis o ddefnydd a pham).

Briff dylunio 1

Mae gwneuthurwr dodrefn wedi gofyn i chi ddylunio datrysiad seddau ar gyfer disgyblion mewn ysgolion. Dylai'r datrysiad fod yn addas ar gyfer pob disgybl uwchradd. Mae'n rhaid iddo fod yn gyfforddus i eistedd arno ac yn eithriadol o wydn. Does dim llawer iawn o arian yng nghontract yr ysgol ar gyfer y datrysiad seddau newydd hwn, felly mae eich arian yn gyfyngedig. Caiff y datrysiad seddau ei osod ym mhob ysgol newydd. Mae'n rhaid i bob ysgol newydd gydymffurfio â pholisi gwyrdd/amgylcheddol.

Briff dylunio 2

Mae Manchester United wedi gofyn i chi feddwl am ddatrysiad i'w broblem seddau hyfforddwyr ar eu caeau ymarfer. Maen nhw am i'r hyfforddwyr gael rhywle i eistedd wrth wylio'r tîm yn hyfforddi. Bydd angen i'r datrysiad fod yn symudol. Mae United am i'r hyfforddwyr gadw'n sych a gallu gweld y chwaraewyr yn glir. Bydd y datrysiad yn cael ei osod ar y meysydd hyfforddi ac nid oes cyfyngiad o ran arian.

Cyngor

Wrth greu dyluniadau, defnyddiwch eich sgiliau lluniadu a chadwch at luniadu mewn fformatau safonedig, er enghraifft isometrig.

Cyngor

Dylai anodiadau dyluniadau hefyd sôn am y briff a sut mae'r nodweddion allweddol wedi'u cynrychioli.

6

Manylebau Dylunio

Yn y bennod hon, rydych chi'n mynd i wneud y canlynol:
- → Darganfod beth yw manyleb ddylunio
- → Dysgu pa wybodaeth mae angen ei chynnwys mewn manyleb ddylunio
- → Dysgu sut i lunio manyleb ddylunio
- → Dysgu sut i ddefnyddio gwybodaeth rydych chi wedi'i dysgu i helpu i ysgrifennu manyleb ddylunio.

Bydd y bennod hon yn ymdrin â'r meysydd canlynol ym manyleb CBAC:

Uned 1 DD3 Gallu cynnig datrysiadau dylunio	
MPA3.3 Llunio manylebau dylunio	Manylebau dylunio: cyfathrebu clir; gofynion/ dymuniadau; defnyddio templedi wedi'u paratoi ymlaen llaw; defnyddio meini prawf penodedig

Rhagymadrodd

Fel rydych chi'n gwybod, yn aml mae angen i Beirianwyr greu datrysiadau newydd i broblemau sy'n bodoli. Ar ôl cwblhau'r rhan fwyaf o'r gwaith ymchwil (dadansoddi briffiau, dadansoddi cynnyrch, peirianneg wrthdro, ac ati), mae Peirianwyr yn creu dogfen ysgrifenedig i restru'r holl bethau y bydd eu hangen ar y datrysiad newydd, neu y gallai fod eu hangen, er mwyn bod yn llwyddiannus. Enw'r rhestr hon o 'feini prawf llwyddiant' yw manyleb ddylunio.

Ni ddylid ysgrifennu manylebau dylunio cyn casglu gwybodaeth berthnasol o'r ymchwil, a gellir eu defnyddio nhw i ddiffinio'r meini prawf ar gyfer llwyddiant. Ar ôl i'r fanyleb ddylunio gael ei hysgrifennu, gall y Peiriannydd ei defnyddio i wirio cynnydd, yn ogystal â mesur y datblygiadau a'r datrysiadau yn ei herbyn. Mae'r fanyleb ddylunio hefyd yn offeryn gwych i'w ddefnyddio wrth werthuso llwyddiant eich canlyniad terfynol.

Beth mae angen i chi ei gynnwys mewn manyleb ddylunio?

Yn debyg iawn i'r broses dadansoddi cynnyrch, mae angen i fanyleb ddylunio gynnwys llawer o wahanol feini prawf sy'n berthnasol i'r briff a'r datrysiad rydych chi'n ei ddatblygu. Gallwch chi ysgrifennu'r meini prawf hyn mewn penawdau a theitlau, fel pa ddefnyddiau i'w defnyddio, sut byddai'n edrych, meintiau a meini prawf priodol eraill.

Cyngor

Gallai ACCESSFM fod yn fan cychwyn da ar gyfer meini prawf manyleb ddylunio.

Sut dylid ysgrifennu'r meini prawf?

Ar ôl i chi gwblhau'r ymchwil, byddwch chi'n deall beth sydd ei angen o ran y datrysiad. Yna gallwch chi ddechrau ysgrifennu gosodiadau neu bwyntiau i esbonio sut gallai'r datrysiad edrych. Byddai'n bosibl ysgrifennu pwynt nodweddiadol mewn manyleb ddylunio fel hyn:

> Mae'n rhaid i'r datrysiad fod wedi'i wneud o fetel anfferrus i sicrhau na wnaiff gyrydu.

Mae'n debygol y byddai'r pwynt hwn yn y fanyleb o dan y pennawd **defnyddiau**.

Beth arall sy'n gwneud manyleb ddylunio dda?

Hierarchaeth

Dylai manyleb ddylunio gynnwys hierarchaeth hefyd. Yn y bôn, rhestr o bethau o'r pwysicaf i'r lleiaf pwysig yw hierarchaeth. Drwy ddefnyddio hierarchaeth mewn manyleb ddylunio, gall Peiriannydd nodi pa bwyntiau y dylid canolbwyntio arnynt yn gyntaf a thargedu'r adnoddau sydd ar gael at y pethau hyn yn gyntaf.

Ffyrdd o roi eich manyleb mewn hierarchaeth

Gallech chi rannu holl bwyntiau'r fanyleb yn ddwy restr:
- rhestr **hanfodol** o bwyntiau manyleb, a
- rhestr **ddymunol** o bwyntiau manyleb.
Y rhestr hanfodol yw'r bwysicaf.

Gallech chi hefyd neilltuo meini prawf neu rifau i bob pwynt manyleb, a chynnwys allwedd i esbonio beth yw ystyr pob rhif neu symbol, fel sydd i'w weld ar y dde.

Allwedd
 1 = pwysicaf
10 = lleiaf pwysig

NEU

Allwedd
★★★★★ = pwysicaf
★ = lleiaf pwysig

Data ansoddol a meintiol

Dylai manyleb ddylunio dda gynnwys data ansoddol a meintiol hefyd. Mae data ansoddol a meintiol yn golygu setiau o ddata (gwybodaeth) sy'n ategu ei gilydd naill ai wrth gasglu gwybodaeth neu wrth ei defnyddio hi. Mewn manyleb ddylunio, gellir defnyddio'r ddwy set o ddata fel canllawiau ar gyfer meini prawf llwyddiant a meysydd clir y gallwch chi eu defnyddio i fesur eich datrysiad yn eu herbyn.

Felly beth yw'r gwahaniaeth rhwng data ansoddol a data meintiol?

Data ansoddol:
- Ymwneud â phethau nad yw o reidrwydd yn bosibl eu mesur.
- Disgrifiadau, teimladau, barn ac ymatebion emosiynol.

Data meintiol:
- Ymwneud â phethau mae'n bosibl eu mesur a'u pwyso.
- Ffeithiau a rhifau.

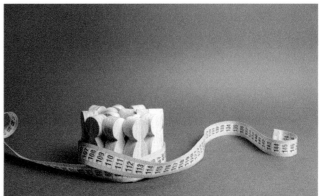

↑ Mae data meintiol yn ymwneud â phethau mae'n bosibl eu mesur neu eu pwyso.

Ffôn symudol

Data ansoddol:

- Sut mae'n edrych?
- Sut mae'n teimlo?
- Oes gennych chi ymateb emosiynol?
- Sut rydych chi'n teimlo wrth ei ddefnyddio?

Data meintiol:

- O beth mae wedi'i wneud?
- Pa mor fawr ydyw?
- Pa mor drwm ydyw?
- Faint mae'n ei gostio?
- Beth yw'r raddfa weithgynhyrchu?

Meini prawf mesuradwy

Dylai manyleb dda hefyd gynnwys pwyntiau sy'n amlwg yn fesuradwy. Bydd hyn yn caniatáu i chi werthuso eich datrysiad yn llwyddiannus yn erbyn eich meini prawf llwyddiant ysgrifenedig (manyleb).

Tasg 6.1

Darllenwch y briff dylunio manwl canlynol ac yna copïwch a chwblhewch y fanyleb wag, ar y dudalen nesaf, yn eich nodiadur.
- Cofiwch chwilio am unrhyw nodweddion allweddol yn y briff dylunio.
- Mae templed manyleb wedi cael ei chreu i chi ei chopïo ond gallwch chi greu manyleb yn eich arddull eich hun a chynnwys unrhyw feini prawf rydych chi wedi dysgu amdanynt hyd yn hyn (hierarchaeth, ansoddol/meintiol, ac ati).
- Mae un maen prawf hanfodol wedi'i ysgrifennu fel enghraifft.

Briff dylunio

Rydych chi wedi cael cais gan gwmni peirianneg fodurol (e.e. Ford neu Toyota) i ddatblygu datrysiad i'r broblem ganlynol:

> Gyda'r datblygiadau mewn technoleg teiars, mae tyllau mewn teiars yn mynd yn llai o broblem i fodurwyr. Fodd bynnag, does dim modd dileu'r broblem yn llwyr ac mae modurwyr yn dal i orfod stopio ar draffyrdd a ffyrdd prysur i newid olwynion. Mae'r broses hon yn cymryd llawer o amser ac mae angen cryn dipyn o rym i godi'r olwyn i'w lle (ar y bolltau).

> Hoffem i chi ddatblygu datrysiad i'w gwneud hi'n haws i fodurwyr godi olwyn sbâr a'i rhoi hi ar y car sydd wedi'i godi. Mae'n rhaid iddo fod yn ddigon bach i ffitio yng nghist car heb gymryd lle ychwanegol. Yn ddigon rhad i allu gwneud miliynau ohonynt am gost isel. Yn ddigon cryf i gynnal olwyn sbâr a hefyd yn hawdd ei ddefnyddio.

Tasg 6.1 *parhad*

MANYLEB

DYLUNIO PEIRIANYDDOL: ....

ENW: ....

MEINI PRAWF HANFODOL:

MEINI PRAWF DYMUNOL:

Defnyddiau ....

Dylai fod wedi'i wneud o fetel â chryfder tynnol da ....

Dylai fod wedi'i wneud o fetel sy'n hawdd ei ffabrigo ....

Dylid gorffennu'r defnyddiau at ddibenion gwrth-gyrydol ......

7

Gwerthuso Syniadau Dylunio

Yn y bennod hon, rydych chi'n mynd i wneud y canlynol:
→ Dysgu pam rydyn ni'n gwerthuso
→ Darganfod beth yw gwerthusiad effeithiol
→ Dysgu sut mae gwerthusiadau'n ein helpu ni
→ Darganfod y gwahanol ddulliau gwerthuso
→ Dysgu sut gallwn ni ddefnyddio 'technegau' gwahanol wrth werthuso.

Bydd y bennod hon yn ymdrin â'r meysydd canlynol ym manyleb CBAC:

Uned 1 DD3 Gallu cynnig datrysiadau dylunio	
MPA3.2 Gwerthuso opsiynau ar gyfer datrysiadau dylunio	Gwerthuso: cyfyngiadau; gofynion dylunio; addas i'r diben; ffit orau; perfformiad gweithredu; dibynadwyedd Technegau gwerthuso: model dylunio llwyr; dadansoddiad SWOT; manteision ac anfanteision

Rhagymadrodd

Er mwyn i fod dynol wneud cynnydd a dysgu, mae'n rhaid iddo ddatblygu a defnyddio sgiliau gwerthuso.

Y tro cyntaf i chi groesi ffordd ar eich pen eich hun, mae'n bosibl na wnaethoch chi sylwi ar y pryd eich bod chi wedi gwneud gwerthusiad mewnol o'ch perfformiad. Byddech chi wedi gofyn i chi eich hun: Sut gwnes i? Wnes i farnu cyflymder y traffig yn gywir? Wnes i farnu'r pellteroedd yn gywir? Ydw i'n dal yn fyw?

Drwy werthuso eich perfformiad, byddech chi'n dysgu rhywbeth fyddai'n eich galluogi i wneud yn well y tro nesaf.

Wrth weithio ar brojectau, mae'n arfer da i Beirianwyr werthuso eu perfformiad, nid yn unig ar gyfer y datrysiad terfynol, ond hefyd wrth i'r project fynd yn ei flaen (defnyddiau, gweithdrefnau, gorffeniadau, amseriadau cywir, ac ati).

Wrth werthuso perfformiad, gallwch chi edrych ar eich canfyddiadau a'u defnyddio nhw i wella eich perfformiad a'ch canlyniad pan gewch chi eich project neu eich briff nesaf.

Gallwch chi werthuso'n *anffurfiol* drwy ofyn cwestiynau i chi eich hun, gofyn i bobl eraill am eu barn neu hyd yn oed edrych ar ganlyniadau a'u cymharu nhw â'ch meini prawf llwyddiant. Fodd bynnag, yn y bennod hon byddwn ni'n edrych ar ddulliau o werthuso'n *ffurfiol* gan ddefnyddio dulliau a modelau sy'n bodoli eisoes.

Gwerthuso syniadau

Gall fod yn anodd dechrau gwerthuso cyfres o syniadau a datrysiadau a hyd yn oed cynnydd. Ble mae dechrau? Beth rydych chi'n chwilio amdano? Beth dylech chi ei ddweud?

Un o'r ffyrdd mwyaf cyffredin a llwyddiannus o werthuso datrysiadau yw gwerthuso yn erbyn briff dylunio a manyleb ddylunio (y fanyleb yw eich rhestr chi o feini prawf llwyddiant).

Dyma rai dulliau gwahanol ond derbyniol o werthuso cynnydd a chanlyniadau projectau efallai bydd gofyn i Beiriannydd weithio arnynt.

Ffit orau

Edrychwch ar y syniadau/datrysiadau rydych chi wedi eu creu. Cymharwch nhw â phob pwynt yn y fanyleb. Pa syniadau sy'n cyfateb orau i ofynion y pwyntiau manyleb? Pa syniad sy'n bodloni'r nifer mwyaf o bwyntiau manyleb (ai hwn yw'r syniad gorau?). Pa syniad sy'n bodloni'r nifer lleiaf o bwyntiau (allech chi roi'r gorau i ddatblygu'r syniad hwn?). Gallech chi hyd yn oed wneud hyn mewn fformat tabl, i'w gadw'n ffurfiol.

	Syniad 1	Syniad 2	Syniad 3
Pwynt manyleb 1	✗	✓	✓
Pwynt manyleb 2	✗	✓	✓
Pwynt manyleb 3	✓	✗	✓
Pwynt manyleb 4	✗	✓	✓
Cyfanswm	**1**	**3**	**4**

Wrth ddefnyddio'r dull hwn, gallwch chi weld yn glir pa syniad sy'n cyfateb orau i'r fanyleb (Syniad 3) ac felly ei bod hi'n debygol mai hwn fyddai'r dewis gorau i'w ddatblygu.

Gofynion dylunio/addas i'r diben

Drwy ddethol nodweddion allweddol briff dylunio, gallwch chi ganfod yn gyflym pa **ofynion dylunio** sydd eu hangen yn eich datrysiad.

Ar ôl i chi nodi'r gofynion dylunio, gallwch chi gymharu eich datrysiad â nodweddion allweddol y briff dylunio a gwirio bod eich datrysiad yn **addas i'r diben**.

Gallwch chi hefyd wneud y dasg werthuso hon drwy luniadu tabl syml a thicio'r gofynion dylunio, fel sydd i'w weld isod.

Gofynion dylunio (nodweddion allweddol y briff dylunio)	Canlyniad yn y datrysiad	Addas i'r diben?
Rhaid iddo fod yn gludadwy	Ydy, oherwydd mae'n ysgafn.	✓
Rhaid iddo ffitio mewn un llaw	Ydy, oherwydd mae'r maint yn ddigon bach.	✓
Mae angen amrywiaeth o liwiau	Oes, oherwydd mae wedi'i wneud o blastig ABS.	✓
Mae'n rhaid iddo fod yn hawdd ei wefru	Na, oherwydd mae angen cyfrifiadur i'w wefru.	✗

Mae defnyddio'r dull hwn i werthuso yn eich helpu i ganfod meysydd sydd angen sylw, a gallwch chi fynd yn ôl at eich datrysiad a'i ddatblygu ymhellach er mwyn bodloni'r holl ofynion dylunio.

Cyfyngiadau

Edrychwch ar eich amrywiaeth o ddatrysiadau a syniadau. Pa un sy'n mynd i gynnig y nifer mwyaf o gyfyngiadau? Pa gyfyngiadau sy'n effeithio ar eich gwaith?

Mae'n bosibl na fydd llawer o gyfarpar gweithgynhyrchu ar gael yn eich gweithdy neu eich ffatri gweithgynhyrchu. Efallai nad oes gennych chi lawer o amser i greu'r datrysiad neu fod angen i chi ddysgu sgiliau newydd er mwyn cwblhau'r project, hyd yn oed. Un cyfyngiad mawr mewn diwydiant yw cyfanswm cost project ac a yw rhai syniadau posibl yn ddichonadwy ai peidio.

Meddyliwch am yr holl gyfyngiadau a gofynnwch y cwestiynau hyn i chi eich hun:
- A fydd yn anodd ei wneud?
- A yw'n rhy ddrud ei wneud?
- Oes digon o gyfleusterau ar gael i allu ei wneud?
- Oes gen i'r sgiliau i'w wneud?
- Oes yna gystadleuaeth debyg neu a yw'n gopi rhy debyg?
- A fydd rhaid cyfaddawdu/datblygu'r syniad yn ormodol i wneud iddo weithio?

Dibynadwyedd/perfformiad gweithredu

Gallwch chi hefyd werthuso dibynadwyedd a pherfformiad gweithredu posibl eich rhestr o ddatrysiadau. Gallwch chi geisio rhagweld pa mor dda byddan nhw'n gweithio yn ystod eu hoes, gyda'r defnyddwyr terfynol/marchnad darged a hefyd yn yr amgylchedd lle byddan nhw'n cael eu defnyddio. Gallech chi ofyn:
- Pa un sy'n debygol o fod y mwyaf dibynadwy?
- Pa un fydd yn gweithio orau?
- A fydd yn parhau i gyflawni ei swyddogaeth am gyfnod hir?
- Pa un fyddai'r mwyaf hawdd i'r defnyddiwr terfynol ei ddefnyddio?

Gallwch chi ateb y cwestiynau hyn drwy ddadansoddi darnau cydrannol y datrysiad, e.e. defnyddiau (a fydd yn cyrydu?), meintiau (rhy fawr neu rhy fach?), siâp (cyffordus i'w ddefnyddio/ffitio yn ei amgylchedd?), gorffeniad (hawdd gafael ynddo, diogel i'w ddefnyddio ac ati?).

Bydd y cwestiynau hyn yn eich helpu chi i benderfynu pa ddatrysiad sydd orau ar gyfer y project rydych chi'n gweithio arno.

Fodd bynnag, er bod Peirianwyr a Dylunwyr yn creu datrysiadau cynnyrch newydd â'r dyluniad optimaidd, mae rhai cynhyrchion yn cael eu dylunio'n fwriadol i fethu. Dychmygwch lafn rasel sydd byth yn colli ei fin neu sugnwr llwch sydd byth yn colli ei allu i sugno neu byth yn torri i lawr. Beth fyddai'n digwydd i'r cwmnïau sy'n gwneud y cynhyrchion hynny? Fydden nhw'n colli eu busnes pan fyddai'r defnyddwyr yn rhoi'r gorau i brynu eu cynhyrchion gan nad oedd angen iddyn nhw wneud hynny? Mae'n rhaid mesur perfformiad gweithredu a dibynadwyedd datrysiad hefyd yn ôl anghenion y cwmni a'r cleient, a dyna pam mae rhai cynhyrchion yn cael eu dylunio i fethu am wahanol resymau fel:
- oes silff (ffasiwn/tueddiadau/technoleg)
- amser (dibynadwy am gyfnod penodol)
- gwydnwch (darnau'n torri ac angen cynnal a chadw'r cynnyrch).

Ym maes dylunio, rydyn ni'n galw hyn yn ddarfodiad (ei greu fel y bydd yn darfod).

Technegau gwerthuso

Gallwch chi hefyd werthuso gan ddefnyddio 'technegau gwerthuso' sy'n bodoli eisoes. Mae'r technegau hyn yn fodelau gwerthuso cydnabyddedig ac maen nhw hefyd yn offeryn defnyddiol yn y diwydiant peirianneg/dylunio i werthuso projectau, canlyniadau a phrosesau.

Model dylunio cyflawn

Mae'r model dylunio cyflawn yn eich annog chi i werthuso HOLL effaith y project dylunio. Nid yw'n canolbwyntio ar y datrysiad terfynol yn unig; ond mae hefyd yn gwerthuso'r holl broses ddylunio. Gallai hyn olygu eich bod chi'n gwerthuso pa mor dda rydych chi wedi dadansoddi'r cynhyrchion neu'r briff dylunio, pa mor dda rydych chi wedi datblygu eich syniadau, neu hyd yn oed pa mor dda rydych chi wedi defnyddio'r offer a'r cyfarpar. Mae'r model dylunio cyflawn yn eich helpu chi i weld yr HOLL broses ac yn caniatáu i chi ysgrifennu gwerthusiad manwl iawn o'r project cyfan. Yna, gallech chi ddefnyddio llawer o feini prawf a phenawdau wrth werthuso.

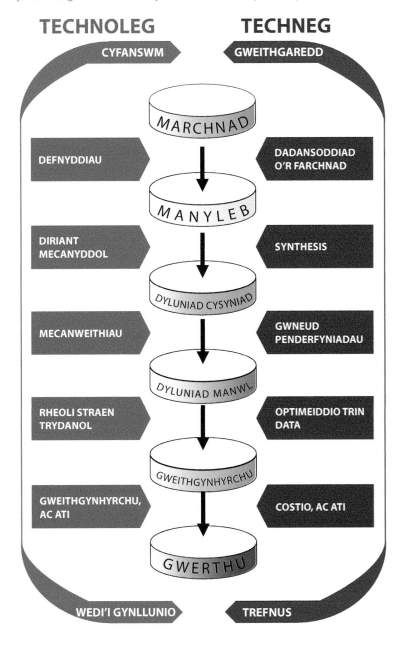

↑ Model gweledol o'r 'model dylunio cyflawn' â chanllaw gweledol i'r meysydd gwahanol yn y broses ddylunio. Gallwch chi ddefnyddio'r model hwn i greu meini prawf/penawdau i'ch proses werthuso. (Wedi'i addasu o Pugh, S. (1991) The Total Design.)

Dadansoddiad SWOT

Mae dadansoddiad SWOT yn offeryn gwerthuso defnyddiol gan y gall eich helpu i ddarganfod cyfleoedd i fanteisio arnynt wrth weithio ar broject, cryfderau eich project a bydd hefyd yn nodi unrhyw wendidau sydd gan eich syniadau. Gall SWOT hefyd ddarganfod unrhyw fygythiadau i'ch project drwy edrych ar gynhyrchion cystadleuwyr.

Term allweddol

SWOT: yn golygu:
- **Cryfderau** (**S**trengths): nodi beth sy'n dda am eich project/syniad.
- **Gwendidau** (**W**eaknesses): nodi pethau allai wneud i'ch project/syniad fethu.
- **Cyfleoedd** (**O**pportunities): nodi sut gallech chi fanteisio ar eich project/syniad.
- **Bygythiadau** (**T**hreats): nodi problemau posibl i'r project/syniad.

CRYFDERAU
Rhestrwch:
- Y nodweddion allweddol sy'n cyfateb i'r briff dylunio
- Y nodweddion allweddol sy'n cyfateb i'r fanyleb
- Pethau byddai'r farchnad darged yn eu hoffi

GWENDIDAU
Rhestrwch:
- Cyfyngiadau'r syniad
- Pethau na fyddai'r farchnad darged yn eu hoffi
- Pwyntiau ar y fanyleb sydd heb gael eu bodloni

SWOT

CYFLEOEDD
Rhestrwch:
- Ffyrdd o wella/datblygu'r syniad

BYGYTHIADAU
Rhestrwch:
- Cynhyrchion tebyg eraill yn y farchnad
- Adnoddau ychwanegol bydd eu hangen ar gyfer ei wneud
- Arian ychwanegol bydd ei angen ar gyfer ei wneud

Manteision ac anfanteision

Mae'n debyg mai'r model gwerthuso nesaf gallwch chi ei ddefnyddio yw'r un mwyaf cyffredin, a dylech chi fod yn gyfarwydd ag ef.

Ar gyfer eich syniadau, gallech chi restru manteision ac anfanteision pob un gan ddefnyddio'r fanyleb a'r briffiau dylunio fel canllaw (meini prawf llwyddiant).

Drwy restru'r manteision a'r anfanteision, mewn tabl tebyg i'r un isod, gallwch chi weld pa syniadau yw'r mwyaf addas i barhau â nhw a'u datblygu ymhellach.

Meini prawf llwyddiant	Manteision	Anfanteision
Briff dylunio		

Meini prawf llwyddiant	Manteision	Anfanteision
Manyleb		

Cyflwyno Uned 1

8

Rhagymadrodd

Erbyn i chi gyrraedd y rhan hon o'r llyfr, dylai fod gennych chi'r holl wybodaeth sydd ei hangen i gwblhau a chyflwyno Uned 1 yn llwyddiannus.

Bydd y saith pennod gyntaf wedi eich paratoi chi'n llawn i greu portffolio o waith sy'n cyflawni'r holl Amcanion Dysgu a'r meini prawf llwyddiant ar gyfer Uned 1. Mae hyn yn cynnwys bod â'r gallu a'r wybodaeth i gyrraedd y bandiau perfformiad uchaf.

Felly beth mae angen i chi ei gynnwys yn Uned 1?

Yn yr adran **strwythur y cwrs** yn y llyfr hwn, fe welwch chi restr o awgrymiadau ar gyfer cynnwys Uned 1. Edrychwch ar yr adran hon eto i weld beth bydd angen i chi ei gynhyrchu.

Fel arall, edrychwch ar y tabl ar dudalen 84 i weld beth mae angen ei ddangos, sut gallech chi ei ddangos a ble i gael y wybodaeth sydd ei hangen i ddangos eich gwybodaeth:

- Mae'r **golofn gyntaf** yn dangos rhestr o Feini Prawf Asesu o'r fanyleb y bydd rhaid i chi eu dangos ar gyfer Uned 1.
- Mae'r **ail golofn** yn cynnig awgrymiadau ar gyfer SUT gallwch chi ddangos eich gwybodaeth (bydd pob ysgol neu goleg yn dehongli'r fanyleb yn ei ffordd ei hun a gallai fod gwahanol ffyrdd dilys o ddangos eich gwybodaeth).
- Mae'r **drydedd golofn** yn dangos pa benodau sy'n rhoi sylw i'r meysydd perthnasol.
- Gallwch chi ddefnyddio'r **bedwaredd golofn** fel rhestr wirio i weld a ydych chi'n hapus â'ch gwybodaeth neu a oes angen edrych eto ar y penodau i wella eich gwybodaeth fwy byth.

> ### Cyswllt
>
> Mae gwybodaeth am strwythur y cwrs ar dudalennau 5–6.

Beth dylwn i ei gyflwyno?

Gallwch chi gyflwyno Uned 1 ar unrhyw fformat sy'n hawdd i'ch ysgol neu goleg weithio ag ef, gan ddibynnu ar yr adnoddau sydd gennych chi.

Gallwch chi ei gyflwyno:
- ar bapur fel portffolio chwech i saith tudalen, A3 neu A4 (pa un fyddai orau i ddangos lluniadau a thafluniadau orthograffig?)
- yn ddigidol
- ar unrhyw fformat arall mae CBAC yn ei dderbyn.

Gwnewch yn siŵr hefyd fod tudalen flaen eich cyflwyniad yn dangos y canlynol yn glir:
- rhif yr uned (1)
- rhif ac enw'r ganolfan
- rhif yr ymgeisydd.

Yn olaf, peidiwch ag anghofio cadw llygad ar y **bandiau perfformiad**. Edrychwch ar eich gwaith a gofynnwch i chi eich hun a ydych chi'n cyflawni'r band perfformiad rydych chi'n meddwl bod eich gwaith yn ei haeddu. Cofiwch, gallwch chi ychwanegu at eich gwaith unrhyw bryd cyn belled ag nad ydych chi'n mynd dros y terfyn saith awr.

Mae'r tabl canlynol yn dangos ble yn y llyfr hwn gallwch chi ganfod y testun perthnasol ar gyfer y sgiliau sydd eu hangen i ddangos gwybodaeth am y Meini Prawf Asesu.

Meini Prawf Asesu	Ffyrdd posibl o'i ddangos	Yn cael sylw ym mhenodau:		Hapus â'ch gwybodaeth	Edrych eto ar y penodau
MPA1.1 Nodi nodweddion sy'n cyfrannu at brif swyddogaeth cynhyrchion peirianyddol	• Nodi nodweddion allweddol briff • Dadansoddi cynnyrch • Peirianneg wrthdro	3 4 5	Defnyddiau a'u Priodweddau Nodi Nodweddion Cynhyrchion sy'n Gweithio Dadansoddi a Dylunio Cynhyrchion i Fodloni Briff		
MPA1.2 Nodi nodweddion cynhyrchion peirianyddol sy'n bodloni gofynion briff	• Nodi nodweddion allweddol briff • Dadansoddi cynnyrch • Peirianneg wrthdro	3 4 5	Defnyddiau a'u Priodweddau Nodi Nodweddion Cynhyrchion sy'n Gweithio Dadansoddi a Dylunio Cynhyrchion i Fodloni Briff		
MPA1.3 Disgrifio sut mae cynhyrchion peirianyddol yn gweithredu	• Dadansoddi cynnyrch • Peirianneg wrthdro • Cynhyrchu syniadau (isometrig) • Datblygu syniadau (isometrig)	3 4	Defnyddiau a'u Priodweddau Nodi Nodweddion Cynhyrchion sy'n Gweithio		
MPA2.1 Lluniadu datrysiadau dylunio peirianyddol	• Cynhyrchu syniadau (isometrig) • Datblygu syniadau (isometrig) • Dyluniad terfynol (isometrig) • Dyluniad terfynol (CAD) • Tafluniad orthograffig (3edd ongl)	1 2 3 4	Lluniadau Peirianyddol Cyfathrebu Syniadau Dylunio Defnyddiau a'u Priodweddau Nodi Nodweddion Cynhyrchion sy'n Gweithio		
MPA2.2 Cyfathrebu syniadau dylunio	• Cynhyrchu syniadau (anodiadau/esboniadau) • Datblygu syniadau (anodiadau/esboniadau) • Dyluniad terfynol • Tafluniad orthograffig (3edd ongl)	1 2 3 4 7	Lluniadau Peirianyddol Cyfathrebu Syniadau Dylunio Defnyddiau a'u Priodweddau Nodi Nodweddion Cynhyrchion sy'n Gweithio Gwerthuso Syniadau Dylunio		
MPA3.1 Datblygu syniadau creadigol ar gyfer cynhyrchion peirianyddol	• Cynhyrchu syniadau (anodiadau/esboniadau) • Datblygu syniadau (anodiadau/esboniadau/cysylltiadau â chynhyrchion sy'n bodoli) • Dyluniad terfynol	1 2 3 4 5 7	Lluniadau Peirianyddol Cyfathrebu Syniadau Dylunio Defnyddiau a'u Priodweddau Nodi Nodweddion Cynhyrchion sy'n Gweithio Dadansoddi a Dylunio Cynhyrchion i Fodloni Briff Gwerthuso Syniadau Dylunio		
MPA3.2 Gwerthuso opsiynau ar gyfer datrysiadau dylunio	• Cynhyrchu syniadau (anodiadau/esboniadau/cyfiawnhau'r dewis terfynol) • Datblygu syniadau (anodiadau/esboniadau/cyfiawnhau newidiadau) • Gwerthuso syniadau/syniad terfynol/newidiadau datblygu)	2 4 5 7	Cyfathrebu Syniadau Dylunio Nodi Nodweddion Cynhyrchion sy'n Gweithio Dadansoddi a Dylunio Cynhyrchion i Fodloni Briff Gwerthuso Syniadau Dylunio		
MPA3.3 Llunio manylebau dylunio	• Manyleb ddylunio	6	Manylebau Dylunio		

Rheoli a Gwerthuso Cynhyrchu

Yn y bennod hon, rydych chi'n mynd i wneud y canlynol:

→ Darganfod sut i ddehongli gwybodaeth dechnegol yn gywir
→ Darganfod sut i ganfod pa adnoddau sydd eu hangen i gynhyrchu datrysiad
→ Dysgu sut i drefnu gwybodaeth er mwyn gallu ei defnyddio hi'n effeithiol
→ Dysgu sut i roi gweithgareddau mewn trefn yn gywir.

Bydd y bennod hon yn ymdrin â'r meysydd canlynol ym manyleb CBAC:

Uned 2 DD1 Gallu dehongli gwybodaeth beirianyddol	
MPA1.1 Dehongli lluniadau peirianyddol	Dehongli: symbolau; confensiynau; gwybodaeth; cyfrifiadau Ffynonellau: brasluniau; lluniadau; manylebau dylunio
MPA1.2 Dehongli gwybodaeth beirianyddol	Gwybodaeth beirianyddol: siartiau data; taflenni data; taflenni tasgau; manylebau; goddefiannau
Uned 2 DD2 Gallu cynllunio'r broses gynhyrchu beirianyddol	
MPA2.1 Nodi'r adnoddau sydd eu hangen	Adnoddau: defnyddiau; cyfarpar; offer; amser
MPA2.2 Rhoi'r gweithgareddau gofynnol mewn trefn	Rhoi mewn trefn: blaenoriaethu gweithgareddau – pa rai sydd eu hangen cyn gallu gwneud rhywbeth arall; o fewn paramedrau dynodedig; ystyried yr adnoddau sydd ar gael; cynlluniau wrth gefn

Rhagymadrodd

Pan fydd gofyn i Beirianwyr gynhyrchu cynnyrch newydd neu wneud prototeip o'r datrysiad newydd maen nhw wedi ei ddatblygu, maen nhw'n dechrau â gwybodaeth dechnegol oddi ar dudalen neu ffeil ddigidol. Mae'n rhaid i Beirianwyr ddehongli'r wybodaeth hon yn gywir a threfnu data mewn ffordd sy'n hawdd ei defnyddio, ei ddilyn a'i chymhwyso. Drwy dreulio amser yn rhoi trefn ar y wybodaeth hon cyn dechrau'r prosesau cynhyrchu, mae Peirianwyr yn llai tebygol o wneud camgymeriadau a gwastraffu adnoddau, ac yn fwy tebygol o gynhyrchu prototeip gweithio o safon uchel.

Yn y bennod hon, byddwch chi'n edrych ar sut i ddehongli a defnyddio'r wybodaeth a gewch chi fel Peirianwyr, a'i defnyddio i gynllunio a gwerthuso'r broses o gynhyrchu cynnyrch/datrysiad. Byddwch chi hefyd yn edrych ar sut gallech chi werthuso canlyniad y datrysiadau.

Dehongli lluniadau peirianyddol (tafluniadau orthograffig)

Wrth ddechrau'r broses o gynhyrchu prototeip (neu unrhyw broses gynhyrchu arall), yn ôl pob tebyg bydd gan Beirianwyr dafluniad orthograffig (lluniad peirianyddol) i weithio ag ef. Mae'n bosibl mai'r Peiriannydd ei hun sydd wedi cynhyrchu'r lluniad peirianyddol, neu ei fod wedi ei dderbyn gan iddo fod mewn 'gweithgor'.

Os yw'r lluniad peirianyddol sydd wedi'i wneud o safon uchel, bydd yn rhoi llawer o wybodaeth i'r Peiriannydd i'w ddefnyddio i ddechrau cynllunio'r project.

↑ *Mae lluniadau peirianyddol yn cynnwys llawer o wybodaeth.*

Dewch i ni edrych ar luniad peirianyddol ar gyfer nifer o ddarnau o lamp ddesg fodern. Gan eich bod chi nawr yn gallu cynhyrchu lluniadau peirianyddol eich hun, defnyddiwch y wybodaeth rydych chi wedi'i dysgu i'ch helpu chi â'r broses hon.

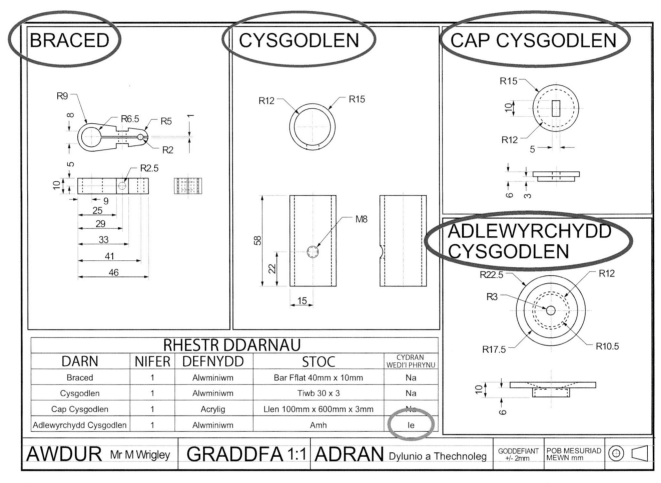

RHESTR DDARNAU				
DARN	NIFER	DEFNYDD	STOC	CYDRAN WEDI'I PHRYNU
Braced	1	Alwminiwm	Bar Fflat 40mm x 10mm	Na
Cysgodlen	1	Alwminiwm	Tiwb 30 x 3	Na
Cap Cysgodlen	1	Acrylig	Llen 100mm x 600mm x 3mm	Na
Adlewyrchydd Cysgodlen	1	Alwminiwm	Amh	Ie

| AWDUR Mr M Wrigley | GRADDFA 1:1 | ADRAN Dylunio a Thechnoleg | GODDEFIANT +/- 2mm | POB MESURIAD MEWN mm |

⬆ *Mae'r lluniad hwn yn dangos y pedwar darn sydd wedi'u rhestru (wedi'u cylchu'n goch) a bod adlewyrchydd cysgodlen yn gydran wedi'i phrynu (wedi'i gylchu'n wyrdd).*

Term allweddol

Cydran wedi'i phrynu: cydran sy'n cael ei phrynu oddi wrth ffatri weithgynhyrchu arall.

Yn gyntaf, gallwch chi weld bod pedwar darn gwahanol ar y lluniad hwn. Fodd bynnag, os edrychwch chi ar y 'Rhestr ddarnau' fe welwch chi fod yr 'adlewyrchydd cysgod' yn gydran wedi'i phrynu – fyddai dim angen i chi wneud hwn eich hun. Felly, rydych chi'n dechrau nodi'r wybodaeth berthnasol yn barod. Nawr y cyfan mae angen i chi ei wneud yw canolbwyntio ar y darnau perthnasol a bydd yr holl waith o gydlynu'r project yn werth chweil.

Nesaf, yn y lluniad canlynol, gallwch chi nodi'r dimensiynau o ben i ben a meintiau'r darnau mae angen i chi eu cynhyrchu. Drwy edrych ar y dimensiynau a'r defnyddiau maen nhw wedi'u gwneud ohonynt, gallwch chi ganfod **faint** o ddefnydd byddai angen ei brynu ac ar ba ffurf stoc mae'n bosibl eu prynu nhw. Mae'r 'Rhestr ddarnau' hefyd yn dweud wrthych chi faint o bob darn sydd ei angen (nifer), a byddai hyn hefyd yn effeithio ar y defnyddiau efallai bydd angen i chi eu prynu.

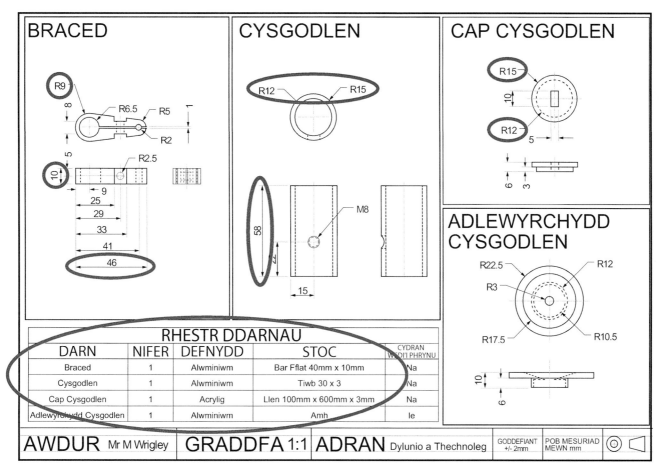

BRACED — CYSGODLEN — CAP CYSGODLEN — ADLEWYRCHYDD CYSGODLEN

RHESTR DDARNAU

DARN	NIFER	DEFNYDD	STOC	CYDRAN WEDI'I PHRYNU
Braced	1	Alwminiwm	Bar Fflat 40mm x 10mm	Na
Cysgodlen	1	Alwminiwm	Tiwb 30 x 3	Na
Cap Cysgodlen	1	Acrylig	Llen 100mm x 600mm x 3mm	Na
Adlewyrchydd Cysgodlen	1	Alwminiwm	Amh	Ie

| AWDUR Mr M Wrigley | GRADDFA 1:1 | ADRAN Dylunio a Thechnoleg | GODDEFIANT +/- 2mm | POB MESURIAD MEWN mm | |

⬆ *Mae'r lluniad hwn yn dangos dimensiynau, defnyddiau a faint o ffurfiau stoc mae angen i chi eu prynu i gwblhau'r project.*

Mae'r lluniad canlynol, ar y dudalen nesaf, yn dangos lefel y goddefiant sy'n dderbyniol ar gyfer pob darn. Gallai hyn effeithio ar y prosesau gweithdy rydych chi'n penderfynu eu dewis i gwblhau eich darnau, gan fod y lefelau manwl gywirdeb sydd gan brosesau gwahanol yn amrywio. Er enghraifft, a fyddech chi'n defnyddio ffeil metel i gael arwyneb gwastad neu beiriant melino? Beth am haclif neu gylchlif metel i dorri defnyddiau i'w maint? Bydd pob penderfyniad a wnewch chi ar y cam hwn yn effeithio ar ansawdd eich canlyniad, felly bydd casglu cymaint o wybodaeth ag y gallwch chi a gwneud penderfyniadau 'gwybodus' o fudd mawr i'r project cyfan.

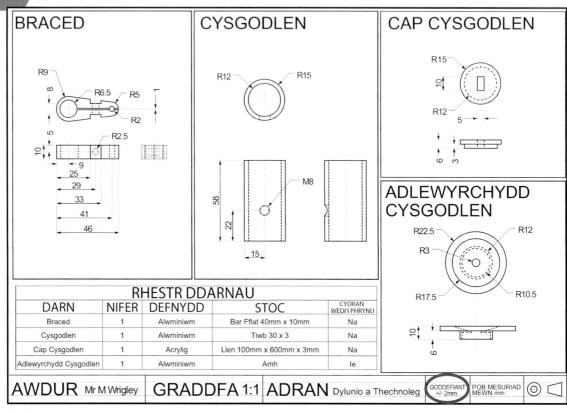

↑ *Mae'r lluniad hwn yn dangos faint o oddefiant sy'n dderbyniol i bob darn.*

Creu rhestri torri, taflenni tasgau a rhoi mewn trefn

Ar ôl nodi pa ddarnau yn y lluniad peirianyddol fydd yn cael yr effaith fwyaf ar gynhyrchu prototeip, bydd angen i chi ddechrau edrych ar ffyrdd o drefnu'r wybodaeth hon fel ei bod hi'n hawdd ei defnyddio.

Rhestri torri

Tabl syml yw rhestr dorri sy'n dangos sut i dorri pob darn ac i ba faint (o'r ffurf stoc/defnydd cywir).

Gan ddefnyddio'r wybodaeth rydych chi wedi'i chael drwy ddehongli'r lluniadau peirianyddol, gallwch chi nawr gynhyrchu rhestr dorri. Edrychwch ar y rhestr dorri isod a sylwch sut mae'r wybodaeth wedi'i threfnu i gael ei darllen a'i defnyddio'n hawdd, a hefyd yn cynnwys yr offer a'r prosesau sydd eu hangen i dorri'r defnydd i'w faint.

Cyngor

Mantais arall i gynhyrchu rhestr dorri yw ei bod hi'n caniatáu i chi ddechrau meddwl am yr offer, y cyfarpar a'r prosesau y bydd eu hangen arnoch chi i gynhyrchu eich prototeip.

RHESTR DORRI				
Darn	**Defnydd**	**Ffurf stoc**	**Torri i'w faint**	**Yr offer/cyfarpar sydd eu hangen**
Braced	Alwminiwm	Bar fflat 50mm × 10mm	20mm	Haclif/cylchlif metel
Cysgodlen	Alwminiwm	Tiwb crwn 30mm × 24mm	60mm	Haclif/cylchlif metel
Cap cysgodlen (top)	Acrylig	Llen 3mm	R30mm	Torrwr laser/cylchlif
Cap cysgodlen (gwaelod)	Acrylig	Llen 3mm	R30mm	Torrwr laser/cylchlif

↑ *Mae'r wybodaeth yn y tabl hwn yn eich galluogi i ddechrau cael gafael ar y defnyddiau cywir a dechrau'r broses o'u torri nhw i'w maint.*

Taflenni tasgau a rhoi mewn trefn

Mae taflen dasgau'n debyg i restr dorri gan ei bod hi'n gallu dod ar fformat 'siart' ac yn cynnwys gwybodaeth gallwch chi ei defnyddio i helpu i greu prototeipiau yn effeithlon ac yn fanwl gywir. Fodd bynnag, mae taflenni tasgau wedi'u dylunio i ddangos pa 'dasgau' mae angen eu cwblhau ar gyfer y project a hefyd ym mha drefn mae angen eu cwblhau nhw.

I greu darn (o'r lluniad peirianyddol) byddai angen i chi gael y defnydd cywir, ei dorri i'r maint cywir ac yna mynd drwy gyfres o brosesau sy'n defnyddio offer a chyfarpar i wneud yn siŵr bod y darn wedi'i siapio a'i gwblhau gan ddefnyddio'r dimensiynau cywir (o fewn y goddefiant). Gall taflen dasgau restru'r holl offer a gweithrediadau sydd eu hangen i gwblhau'r darn yn llwyddiannus yn ogystal â chynnwys meysydd perthnasol eraill fel risg, amser a rheoli ansawdd.

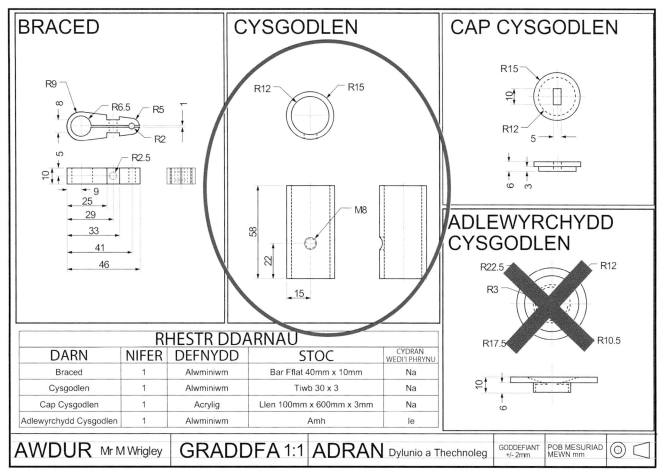

↑ Mae'r lluniad hwn yn dangos sut gallwch chi ganolbwyntio ar un darn ('CYSGODLEN' yn yr achos hwn) a nodi pa brosesau byddai angen eu cwblhau.

Drwy edrych ar y darn 'CYSGODLEN' yn y lluniad peirianyddol uchod gallwch chi nodi'r prosesau canlynol:

- I greu'r gysgodlen, byddai angen gwneud y canlynol i'r tiwb alwminiwm:
  1. Ei fesur a'i farcio.
  2. Ei dorri.
  3. Pwnsio'r canol.
  4. Ei ddrilio.
  5. Tapio edau iddo.

- I gyflawni'r tasgau hyn, bydd angen:
  1. riwl ddur/caliper fernier, sgrifell, hylif marcio glas, blociau V
  2. feis metel, haclif/cylchlif metel
  3. morthwyl (wyneb crwn), pwnsh canoli, blociau V
  4. dril piler, ebill dril dirdro HSS 7mm
  5. tap M8, tyndro tap, feis metel.

Ar ôl i chi ddehongli'r wybodaeth hon o'r lluniad peirianyddol, gallwch chi ei rhoi hi ar fformat fydd yn ddefnyddiol iawn wrth greu'r prototeip.

> **Cyngor**
>
> I ganfod pa brosesau sydd eu hangen i gwblhau taflen dasgau, gallwch chi droi'n ôl at eich lluniad peirianyddol ac edrych ar dafluniadau orthograffig y darn. Bydd hyn yn eich helpu chi i nodi pa brosesau mae angen eu cwblhau (gweler tudalen 89).

Fodd bynnag, mae'n **bwysig iawn** nodi y dylech chi ysgrifennu'r rhestr hon o dasgau a phrosesau mewn **trefn** ymarferol. Mae hyn yn golygu y dylid cwblhau'r prosesau i gyd yn eu trefn. Er enghraifft, pan edrychwch chi ar y prosesau sydd wedi'u nodi ar gyfer y 'GYSGODLEN' gallwch chi weld bod angen ei drilio. Cyn i'r drilio ddigwydd, fodd bynnag, byddai angen i chi wneud yn siŵr eich bod chi'n drilio yn y man cywir. Felly, mae mesur a marcio, torri a phwnsio'r canol yn dair proses byddai angen eu cwblhau CYN i'r drilio ddigwydd. Y broses o roi'r tasgau hyn yn y drefn gywir yw rhoi mewn trefn. Byddai angen rhoi'r drefn gywir ar y daflen dasgau hefyd.

Chi sy'n penderfynu sut i gynllunio eich taflen dasgau. Mae'n bosibl y byddwch chi'n gweithio yn ôl fformat safonedig y cwmni rydych chi'n gweithio iddo. Prif swyddogaeth unrhyw daflen dasgau dda yw gwneud yn siŵr bod y wybodaeth berthnasol sydd ei hangen i gwblhau'r dasg yn llwyddiannus ar gael yn gyflym ac yn effeithlon.

Isod mae taflen dasgau sydd wedi'i chreu ar gyfer y darn 'CYSGODLEN' yn y lluniad peirianyddol enghreifftiol (gweler tudalen 89). Edrychwch sut mae'r siart wedi'i greu a pha deitlau/colofnau sydd wedi'u hychwanegu i roi mwy o wybodaeth.

TAFLEN DASGAU							
Darn: CYSGODLEN (tiwb crwn alwminiwm 30mm × 24mm)							
Darn	**Defnydd a ffurf stoc**	**Proses a threfn**	**Yr offer/cyfarpar sydd eu hangen**	**Lefel risg**	**Amser**	**Ystyriaethau iechyd a diogelwch**	**Rheoli ansawdd**
CYSGODLEN	Tiwb crwn alwminiwm 30mm × 24mm	Cam 1: Mesur a marcio	Riwl ddur/caliper fernier, sgrifell, hylif marcio glas, blociau V	Isel	10 munud	amh.	Gwirio manwl gywirdeb y marciau
		Cam 2: Torri	Feis metel, haclif	Canolig	5 munud	Llafn haclif miniog	
		Cam 3: Pwnsio'r canol	Morthwyl (wyneb crwn), pwnsh canoli, blociau V	Isel	5 munud	Taro'r pwnsh canoli'n sgwâr Dal y tiwb crwn yn y bloc V	
		Cam 4: Drilio	Dril piler, ebill dril dirdro HSS 7mm	Canolig–uchel	5 munud	Cydosod y dril piler yn gywir Gwisgo PPE	Gwirio cydosodiad a C.Y.F. y dril
		Cam 5: Tapio edau	Tap M8, tyndro tap, feis metel	Isel	10 munud	Dannedd miniog ar y tap	Cadw'r tap yn fertigol/sgwâr i sicrhau edau syth

↑ *Enghraifft o daflen dasgau sy'n cynnwys rhoi mewn trefn yn ogystal ag asesu risg, rheoli ansawdd ac amser. Mae'r cynllun yn hawdd ei ddeall a'i ddefnyddio mewn amgylchedd gweithdy.*

Defnyddio taflenni data

Wrth greu prototeip mewn amgylchedd gweithdy, yn ôl pob tebyg bydd disgwyl i chi ddefnyddio peiriannau i greu prototeip yn llwyddiannus ac yn fanwl gywir. Dylech chi hefyd gael eich tiwtora ar y ffordd gywir o ddefnyddio'r gwahanol beiriannau gan gynnwys cydosod y peiriant yn gywir, sut i'w ddefnyddio'n gywir, yn ogystal â'r rhagofalon iechyd a diogelwch y byddai angen i chi eu dilyn. Fodd bynnag, mae llawer o beiriannau'n dod gyda offer torri y gellir eu hamnewid (e.e. ebillion dril) wrth ddefnyddio gwahanol ddefnyddiau ar y peiriant. Dyma lle mae angen i chi ddechrau defnyddio taflenni data/siartiau sy'n ganllawiau neu fanylebau safonol i'r diwydiant wedi'u hamlinellu gan wneuthurwr y peiriant.

Bydd defnyddio'r gosodiadau a'r buaneddau cywir ar gyfer y peiriannau'n sicrhau:

* gorffeniad o ansawdd da
* oes gweithio hirach i'r darn/peiriant (dim torri)
* ei fod yn fwy diogel i'w ddefnyddio (y defnyddiwr ddim yn cael ei anafu).

Drwy beidio â defnyddio'r data cywir, gallech chi:

* distrywio eich gwaith (gorfod dechrau eto)
* torri darnau o'r peiriant neu'r peiriant cyfan
* eich anafu eich hun neu anafu pobl eraill.

Dyma enghraifft o siart data ar gyfer turn canol. Mae'n cynnwys gwybodaeth ddefnyddiol fel pa RPM sydd ei angen wrth ddefnyddio defnyddiau o wahanol feintiau a gwahanol ddefnyddiau. Mae'r awgrym ar y dde yn rhoi gwybodaeth ddefnyddiol arall am RPM wrth wneud gweithrediadau arbenigol fel partio a nwrlio.

CANLLAW RPM TURN CANOL					
Diamedr y defnydd		**Defnydd**			
Modfeddi	Milimetrau	Alwminiwm	Pres	Dur meddal	Dur gwrthstaen
½	12.7	1,400	1,200	1,000	600
1	25.4	700	600	500	300
1½	38	500	400	300	200
2	50.8	350	300	250	150
2½	63.5	280	250	220	120
3	76	225	190	160	100

Cyngor

Dylid defnyddio uchafswm o 100RPM i wneud gweithrediadau nwrlio a phartio.

Siartiau Gantt

Mae AMSER yn adnodd pwysig arall i lawer o Beirianwyr, wrth weithio i gwmni neu hyd yn oed wrth geisio cwblhau prototeip mewn ysgol neu goleg.

Mae amser (ynghyd â chost) yn un o'r prif gyfyngiadau sydd gan Beirianwyr wrth ddechrau ar brojectau. Mae gallu trefnu amser yn effeithiol yn fuddiol iawn wrth geisio rheoli projectau. Mae'r gallu i drefnu amser yn effeithiol ar gyfer projectau'n osgoi gwastraffu amser, yn arbed arian ac yn ei gwneud hi'n haws bodloni dyddiadau cau.

Term allweddol

Cyfyngiad: rhywbeth sy'n cyfyngu.

Mae siartiau Gantt (gafodd eu dyfeisio gan Henry Gantt 1861–1919) yn cael eu defnyddio'n gyffredin gan Beirianwyr ac mewn diwydiant i drefnu amser yn effeithiol. Rydyn ni eisoes wedi trafod 'amser', wrth gynhyrchu taflen dasgau. Fodd bynnag, mae creu siart sy'n trefnu amser, ac sy'n hawdd ei sganio a'i ddeall yn gyflym, yn ffordd effeithiol iawn o reoli amser.

Dyma enghraifft o siart Gantt. Mae'r siart hwn wedi'i wneud ar gyfer y lluniad peirianyddol enghreifftiol yn y bennod hon. Ar gyfer yr enghraifft hon, rydych chi'n canolbwyntio ar y darn 'CYSGODLEN' yn unig.

Darn: CYSGODLEN												
Proses	**Cyfanswm amser 1 awr (segmentau 5 munud)**											
Mesur a marcio	■	■										
Torri			■									
Pwnsio'r canol				■								
Dril					■							
Tapio edau						■	■					

← Dim ond 35 munud mae wedi'i gymryd i gwblhau'r broses, felly mae'r siart Gantt yn dangos bod mwy o amser ar gael i chi ddechrau prosesau eraill.

Drwy edrych yn gyflym ar y siart Gantt ar dudalen 91, gallwch chi weld y bydd prosesau'r darn 'CYSGODLEN' yn cymryd cyfanswm o 35 munud, ac mai mesur a marcio, a thapio edau sy'n cymryd yr amser hiraf. O wybod hyn, gallwch chi ddechrau nodi mannau yn y gweithdy neu'r cyfleuster gweithgynhyrchu lle gallai tagfeydd a chynhyrchu araf ddigwydd. Bydd y wybodaeth hon yn eich helpu chi i drefnu eich amser yn fwy effeithiol.

Tasg 9.1

Nawr eich bod chi'n deall pwysigrwydd trefnu gwybodaeth berthnasol, ac yn gallu ei defnyddio hi'n gyflym ac yn effeithlon, gallwch chi roi cynnig ar gynhyrchu eich taflen dasgau eich hun.

Edrychwch ar y lluniad peirianyddol canlynol. Ar gyfer y darn 'BRACED', crëwch eich taflen dasgau eich hun.

RHAID i chi gynnwys y canlynol:
* teitlau
* defnyddiau neu ffurf stoc
* trefn y tasgau
* y cyfarpar sydd ei angen
* amser.

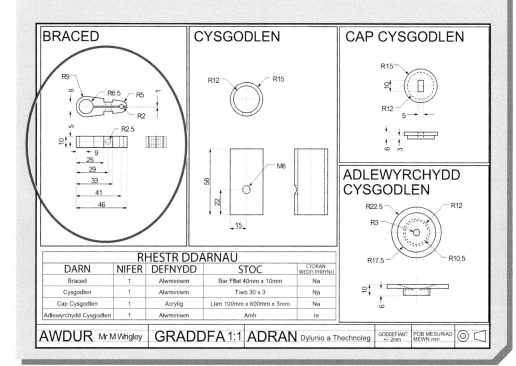

RHESTR DDARNAU				
DARN	NIFER	DEFNYDD	STOC	CYDRAN WEDI'I PHRYNU
Braced	1	Alwminiwm	Bar Fflat 40mm x 10mm	Na
Cysgodlen	1	Alwminiwm	Tiwb 30 x 3	Na
Cap Cysgodlen	1	Acrylig	Llen 100mm x 600mm x 3mm	Na
Adlewyrchydd Cysgodlen	1	Alwminiwm	Amh	Ie

AWDUR Mr M Wrigley	GRADDFA 1:1	ADRAN Dylunio a Thechnoleg	GODDEFIANT +/- 2mm	POB MESURIAD MEWN mm

Iechyd a Diogelwch yn y Gweithdy

Yn y bennod hon, rydych chi'n mynd i wneud y canlynol:

→ Darganfod pam mae angen iechyd a diogelwch mewn amgylchedd gweithdy
→ Dysgu am asesiadau risg
→ Deall arwyddion iechyd a diogelwch (siapiau a lliwiau)
→ Dysgu am offer a dillad diogelwch gwisgadwy
→ Dysgu sut i ddefnyddio data.

Bydd y bennod hon yn ymdrin â'r meysydd canlynol ym manyleb CBAC:

Uned 2 DD3 Gallu defnyddio cyfarpar peirianyddol	
MPA3.1 Defnyddio offer i gynhyrchu cynhyrchion peirianyddol	Iechyd a diogelwch: ymwybyddiaeth o arferion iechyd a diogelwch, a sut i'w cymhwyso
MPA3.2 Defnyddio cyfarpar i gynhyrchu cynhyrchion peirianyddol	Iechyd a diogelwch: ymwybyddiaeth o arferion iechyd a diogelwch, a sut i'w cymhwyso
Uned 2 DD4 Gallu defnyddio prosesau peirianyddol	
MPA4.1 Defnyddio prosesau peirianyddol i gynhyrchu cynhyrchion peirianyddol	Iechyd a diogelwch: ymwybyddiaeth o arferion iechyd a diogelwch, a sut i'w cymhwyso

Rhagymadrodd

Yn y bennod hon, rydych chi'n mynd i edrych ar iechyd a diogelwch mewn amgylchedd gweithdy. Mae'n rhaid i bob Peiriannydd ddeall a defnyddio ystod eang o offer a chyfarpar yn ystod eu gyrfa, o gael hyfforddiant ar ddechrau eu gyrfa, i weithio mewn swyddfa a dewis darnau gwahanol o gyfarpar i'w defnyddio ar gyfer prosesau gwahanol. Mae angen i bob Peiriannydd hefyd ddeall y gweithdrefnau iechyd a diogelwch sy'n gorfod bod ar waith i sicrhau arferion gwaith diogel i'r bobl dan sylw.

Pan fydd Peirianwyr yn gweithio gydag offer a pheiriannau mewn amgylchedd gweithdy, mae angen iddyn nhw ddeall y broses o fod mor ddiogel â phosibl.

Wrth weithio ar beiriant sy'n troelli darnau miniog/trwm o fetel ar 2,000 cylchdro y funud (C.Y.F.), weldio dur ar 10,000° Celsius neu hyd yn oed cynhyrchu mygdarth gwenwynig wrth ysgythru byrddau cylched ag asid, mae angen i chi wneud yn siŵr y gallwch chi gerdded i ffwrdd o'r broses a'r cyfarpar yn hollol ddiogel, ac wedi cynhyrchu cynnyrch o safon.

Dyma pam mae angen i Beirianwyr ddeall a defnyddio gweithdrefnau iechyd a diogelwch ar gyfer pob tasg maen nhw'n ei chyflawni.

Asesiadau risg

Mae asesiad risg yn golygu dadansoddi'r risgiau sy'n gysylltiedig â defnyddio cyfarpar neu gyflawni proses.

Meddyliwch am wneud paned o de. Oes angen i chi fod yn ymwybodol o unrhyw beryglon? Beth am y cymysgedd o ddŵr a thrydan? Fyddech chi'n ymwybodol o'r gwres sy'n dod o'r dŵr berw? Beth byddech chi'n ei wneud i'ch cadw eich hun yn ddiogel a gwneud yn siŵr eich bod chi'n cael paned dda o de yn y diwedd? Enw'r broses o nodi risgiau a rhoi gweithdrefnau ar waith i'ch cadw chi (a phobl eraill) yn ddiogel yw asesiad risg.

Yr asesiad risg pum cam

Un o'r dulliau mwyaf cyffredin (sy'n cael ei gydnabod gan ddiwydiant) o baratoi asesiadau risg yw'r dull pum cam:

Cam 1. Nodi'r peryglon.

Cam 2. Pwy allai gael ei niweidio a pham?

Cam 3. Gwerthuso'r risg a dewis mesurau rheoli rhagofalus.

Cam 4. Cofnodi (ysgrifennu) eich canfyddiadau.

Cam 5. Adolygu a diweddaru yn ôl yr angen.

Dyma enghraifft o asesiad risg, gan ddefnyddio'r pum cam hyn, ar gyfer defnyddio dril mainc/piler.

ASESIAD RISG AR GYFER DRIL MAINC/PILER (*GWEITHDY YSGOL*)		
Nodi'r peryglon	**Pwy allai gael ei niweidio a pham?**	**Gwerthuso'r risg a dewis mesurau rheoli rhagofalus**
1. Darn gwaith yn troelli ar ebill y dril.	1. Defnyddiwr yn torri ei law ar y darn gwaith sy'n cylchdroi.	1. Defnyddio gard y peiriant i leihau'r risg o ddarnau gwaith sy'n cylchdroi yn cyffwrdd â'r defnyddiwr.
2. Darn gwaith yn hedfan oddi ar y peiriant.	2. Defnyddiwr yn cael ei daro gan y darn gwaith sy'n hedfan.	2. Defnyddio gard y peiriant i leihau'r risg y caiff y defnyddiwr ei daro.
3. Naddion yn hedfan i fyny.	3. Naddion yn hedfan i lygaid y defnyddiwr.	3. Gwisgo sbectol ddiogelwch i leihau'r risg o anaf i'r llygaid.
4. Gwallt hir/dillad rhydd yn mynd yn sownd mewn darnau sy'n cylchdroi.	4. Tynnu'r defnyddiwr i mewn i'r darnau sy'n cylchdroi.	4. Gwisgo ffedog a chlymu gwallt/dillad rhydd yn ei le i leihau'r risg o fynd yn sownd.

Noder:
Dylid dilyn holl ganllawiau'r gwneuthurwr wrth ddefnyddio'r peiriant hwn.

Term allweddol

Naddion: darnau bach o fetel.

Ar ôl cwblhau'r tri cham cyntaf, y pedwerydd fyddai cynhyrchu dogfen (e.e. y tabl uchod) fyddai'n cael ei chadw a byddai ar gael yn rhwydd i ddefnyddwyr y peiriant (dril mainc/piler) i'w gweld a'i darllen. Byddai cam 5 yn cael ei wneud ar ôl unrhyw newidiadau i'r peiriant (neu i'r gyfraith). Yn eithaf aml, caiff asesiadau risg eu hadolygu a'u diweddaru'n flynyddol (bob blwyddyn) i wneud yn siŵr bod y gweithdrefnau'n dal i fod yn gyfredol.

Arwyddion

Byddwch chi'n gweld llawer o arwyddion mewn amgylchedd gweithdy. Mae gwybod sut i ddehongli a deall yr arwyddion mewn gweithdy'n hanfodol wrth ymdrin â chyfarpar a phrosesau allai fod yn beryglus. Drwy anwybyddu arwyddion, gallech chi fod mewn perygl o wneud niwed i chi eich hun neu i bobl eraill. Ydych chi'n adnabod yr arwyddion sy'n cael eu defnyddio i'ch rhybuddio chi y gallai rhywun fod yn arc-weldio yn eich gweithdy? Beth fyddai'n digwydd i'ch golwg pe na fyddech chi'n deall yr arwyddion ac yn rhoi eich pen yn y bwth weldio i ddweud helo? Allech chi golli eich golwg dros dro, neu hyd yn oed yn barhaol? Dyma pam dylai pob Peiriannydd fod yn ymwybodol o'r arwyddion sydd wedi'u harddangos mewn unrhyw amgylchedd gweithdy.

Mae arwyddion diogelwch yn tueddu i ddod mewn gwahanol siapiau a lliwiau sy'n golygu pethau penodol. Bydd y tabl canlynol yn disgrifio pob siâp a lliw i chi a beth mae pob un yn ei olygu.

Arwydd	Ystyr	Siâp	Lliw
	Arwydd gorfodol: cyfarwyddyd penodol ynglŷn ag ymddygiad	Crwn	Border gwyn, cefndir glas, pictogram gwyn
	Arwydd rhybuddio: rhybuddio ynglŷn â pheryglon	Trionglog	Border du, cefndir melyn/oren, pictogram du
	Arwydd gwahardd: gwahardd ymddygiad a/neu weithredoedd	Crwn	Border coch, cefndir gwyn, pictogram du
	Dim perygl: gwybodaeth am allanfeydd argyfwng, cymorth cyntaf, botwm argyfwng, ac ati	Sgwâr neu betryalog	Border gwyn, cefndir gwyrdd, pictogram gwyn

Yn eithaf aml, bydd arwyddion yn cynnwys cyfarwyddyd testun i atgyfnerthu'r neges:

Mewn rhai mannau gwaith, fel safleoedd adeiladu neu weithdai, gall fod angen dilyn llawer o gyfarwyddiadau ar yr un pryd. Dyma enghraifft o arwydd sy'n cynnwys llawer o gyfarwyddiadau i ymwelwyr sy'n cyrraedd safle adeiladu:

Rhybudd safle adeiladu

Warning construction site

Arwydd rhybuddio

Dim personau heb awdurdod

No unauthorised persons

Arwydd gwahardd

Rhaid gwisgo dillad gwelededd uchel

High visibility clothing must be worn

Arwydd gorfodol

Rhaid gwisgo esgidiau diogelu

Protective footwear must be worn

Arwydd gorfodol

Rhaid gwisgo helmed diogelwch

Safety helmets must be worn

Arwydd gorfodol

Cyngor

Mae rhestr o arwyddion cyffredin y **gallech** chi eu gweld mewn amgylchedd gweithdy i'w chael ar y ddwy wefan ganlynol:
- free signage UK: http://www.freesignage.co.uk
- Online Sign: http://www.online-sign.com/

Arwyddion gorfodol

Cyfarpar diogelu personol (PPE)

Rhaid gwisgo menig diogelwch
Safety gloves must be worn

Rhaid gwisgo gorchudd llygaid
Eye protection must be worn

Rhaid gwisgo offer diogelu clustiau
Ear protection must be worn

Rhaid gwisgo offer dillad diogelu
Protective clothing must be worn

Rhaid gwisgo mwgwd weldio
Wear a welding mask

Rhaid gwisgo mwgwd wyneb
Wear a face guard

Arwyddion gorfodol eraill

Defnyddio gard
Use guard

Diffoddwch pan nas defnyddir
Turn off when not in use

Arwyddion rhybuddio

Perygl
Caution

Rhybudd sioc drydanol

Caution electric shock risk

Perygl paladr laser
Caution laser beam

Rhybudd gwasgu dwylo

Warning crushing of hands

Perygl nwy cywasgedig

Danger compressed gas

Lefelau sŵn uchel
High noise levels

Arwyddion gwahardd

Peidiwch â
chyffwrdd
Do not touch

Peidiwch â chyffwrdd
pan fydd yn symud
Do not touch
when in use

Peidiwch ag iro na glanhau
pan fydd yn symud
Do not oil or clean
when in use

Peidiwch
â rhedeg
Do not run

Dim fflamau
noeth
No naked
flames

Dim bwyd
na diod
No food
or drink

Arwyddion dim perygl

Botwm argyfwng Emergency stop	Golchi llygaid mewn argyfwng Emergency eye wash

Safle cymorth cyntaf First aid station	Allanfa argyfwng Emergency exit

Defnyddio taflenni data

Pan fyddwch chi'n defnyddio offer a pheiriannau, bydd eich tiwtor yn rhoi cyfarwyddiadau am sut i'w defnyddio nhw'n gywir ac yn ddiogel. Fodd bynnag, wrth ddefnyddio peiriannau fel driliau piler, peiriannau melino a thurniau canol, bydd gennych chi nifer o newidynnau fel meintiau neu ddiamedrau offer torri a mathau o ddefnyddiau, a bydd y rhain yn newid gan ddibynnu ar y dasg, y project neu'r weithred rydych chi'n ei gwneud. Gan fod yr agweddau hyn yn tueddu i newid yn aml, byddai angen newid gosodiadau'r peiriant i gyd hefyd i gyfateb i'r dasg bresennol.

Er enghraifft, efallai y byddwch chi un diwrnod yn melino braced alwminiwm bach ar y peiriant melino fertigol gan ddefnyddio offeryn torri â diamedr 5mm, a'r diwrnod wedyn yn ceisio melino slab mawr o ddur gwrthstaen gan ddefnyddio offeryn torri â diamedr 12mm. Yn y sefyllfa hon, byddai'n rhaid i chi addasu cyflymder y melinwr (C.Y.F.) yn ogystal â pha mor gyflym (porthiant) byddai'r offeryn torri'n melino'r gwaith.

Mae Peirianwyr da yn defnyddio taflenni/siartiau data sydd naill ai wedi'u datblygu gan ddefnyddwyr eraill neu'n dod yn syth gan y gwneuthurwr. Gallwn ni ddefnyddio fformiwlâu mathemategol i bennu cyfraddau cyflymder a phorthiant pob peiriant, gan ddibynnu ar briodweddau'r defnyddiau a maint yr offer torri; fodd bynnag, mae llawer o daflenni canllawiau data ar gael i roi syniad da i chi o'r cyfraddau cyflymder a phorthiant sydd eu hangen ar gyfer eich tasg bresennol.

Ar y dudalen nesaf, mae enghraifft o siart taflen ddata ar gyfer dril piler. Sylwch ar y Nodiadau ychwanegol ar y gwaelod, sy'n rhoi cyngor a chanllawiau ynglŷn â gweithrediadau arbenigol fel gwrthdurio a gwrthsoddi.

CANLLAW C.Y.F. DRIL PILER					
Diamedr ebill y dril		**Defnydd**			
Modfeddi	Milimetrau	Alwminiwm	Pres	Dur meddal	Dur gwrthstaen
¼	6.35	1,200	1,200	750	500
⅜	9.5	900	600	500	375
½	12.7	600	500	250	250
⅝	15.8	360	400	200	150
¾	19	300	300	150	120
1	25.4	180	200	100	80

Nodiadau:
Dylid defnyddio uchafswm o 200 C.Y.F. ar gyfer ebillion a gweithrediadau gwrthdurio.
Dylid defnyddio uchafswm o 300 C.Y.F. ar gyfer ebillion a gweithrediadau gwrthsoddi.

Drwy ddefnyddio'r taflenni data hyn bob tro rydych chi'n cydosod peiriant i wneud gwaith, byddwch chi'n lleihau'r risg o dorri'r peiriant neu'r offeryn torri, neu ddifetha'r darn gwaith ac, yn bennaf oll, byddwch chi'n sicrhau diogelwch y gweithredwr ... chi.

COSHH

Mae ymwybyddiaeth a hyfforddiant COSHH yn set bwysig o sgiliau, ac mae'n rhaid i Beirianwyr fod yn ymwybodol ohoni. Mewn amgylchedd gweithdy, bydd Peirianwyr yn gweithio gyda rhai sylweddau allai fod yn beryglus i'ch iechyd ac y byddai angen gweithio gyda nhw, a'u trin a storio, mewn ffordd saff a diogel.

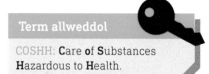

Term allweddol

COSHH: **C**are **o**f **S**ubstances **H**azardous to **H**ealth.

Mae sylweddau sydd o fewn cylch gwaith COSHH yn cynnwys:
- cemegion
- cynhyrchion sy'n cynnwys cemegion
- mygdarthau
- llwch
- anweddau
- niwlenni
- nanotechnoleg
- nwyon a nwyon mygol
- cyfryngau biolegol (germau). Os oes unrhyw un o'r symbolau perygl ar y pecyn, mae'n cael ei ystyried yn sylwedd peryglus
- germau sy'n achosi clefydau fel leptosbirosis neu glefyd y llengfilwyr a germau sy'n cael eu defnyddio mewn labordai.

(Ffynhonnell: HSE (2019) 'What is a "Substance Hazardous to Health"?', http://www.hse.gov.uk/coshh/basics/substance.htm)

Os oes unrhyw un o'r sylweddau sydd wedi'u rhestru uchod mewn gweithdy lle rydych chi'n gweithio, neu os ydych chi'n mynd i ddefnyddio unrhyw un o'r sylweddau sydd wedi'u rhestru, rhaid i chi ddilyn canllawiau'r llywodraeth am eu defnyddio a'u storio nhw'n gywir.

↑ *Mae mygdarthau peryglus o fewn cylch gwaith COSHH.*

Fel y gwelwch chi, dydy'r holl sylweddau COSHH sydd wedi'u rhestru ddim yn rhai fyddai i'w cael mewn amgylchedd gweithdy. Fodd bynnag, dyma rai enghreifftiau o sylweddau allai fod mewn gweithdy ac a fyddai'n gorfod cadw at ganllawiau COSHH:

- paent
- farnais
- tanbaent
- teneuwyr
- hydoddyddion
- adlynion
- gorffeniadau pren (cwyr, ac ati)
- asidau
- mygdarthau (weldio, bythod chwistrellu, ac ati)
- gronynnau llwch (llifanydd linish/sandwyr belt/sandio)
- *unrhyw sylweddau eraill sy'n berthnasol i ganllawiau COSHH.*

Canllawiau diogelwch eraill ar gyfer amgylchedd gweithdy

Yn olaf, mae yna sefydliadau eraill yn ymdrin ag iechyd a diogelwch mewn amgylcheddau gweithdy. Mae'r sefydliadau hyn yn cyflogi arbenigwyr yn eu maes ac yn datblygu canllawiau (nid rheolau) ynglŷn ag arferion gweithio diogel, o gydosod mannau gwaith mewn gweithdy (pellteroedd rhwng pob peiriant, ac ati) i sut i ddefnyddio darnau unigol o gyfarpar a pheiriannau yn ddiogel a'u cynnal a'u cadw, fel peiriannau melino a llifau bwrdd.

Dyma ddau o'r sefydliadau sy'n cael eu defnyddio amlaf mewn gweithdai ysgolion, colegau a phrifysgolion:

- **DATA** (y **D**esign **a**nd **T**echnology **A**ssociation)

a

- **CLEAPSS** (**C**onsortium of **L**ocal **E**ducation **A**uthorities for the **P**rovision of **S**cience **S**ervices).

Tasg 10.1

Brasluniwch neu lluniadwch (gallwch chi ddefnyddio TG/CAD) boster diogelwch ar gyfer gweithdy rydych chi wedi ei ddefnyddio, neu rydych chi yn ei ddefnyddio, gan gynnwys pedwar arwydd diogelwch gwahanol. Mae'n rhaid i'r arwyddion gynnwys pob un o'r pedwar maes: gwahardd, gorfodol, rhybuddio a dim perygl.

Offer a Chyfarpar Peirianyddol

Yn y bennod hon, rydych chi'n mynd i wneud y canlynol:

→ Adnabod offer a chyfarpar sydd i'w cael mewn amgylchedd gweithdy
→ Nodi'n fanwl gywir beth yw swyddogaeth offer a chyfarpar sy'n cael eu defnyddio gan Beirianwyr
→ Dewis yr offer a'r cyfarpar cywir i gyflawni tasgau penodol.

I gyflawni'r amcanion yn llwyddiannus, dylai fod amgylchedd gweithdy ar gael i chi â digon o offer a chyfarpar i ddangos eich sgiliau peirianneg (dylai eich man dysgu ddarparu'r cyfleusterau hyn).

Nid yw'r bennod hon yn edrych ar y cyfarpar i gyd yn fanwl iawn, ond bydd yn rhoi dealltwriaeth ac ymwybyddiaeth i chi o'r offer sydd ar gael fel y gallwch chi eu hadnabod nhw a dewis eich cyfarpar eich hunan pan fydd angen cyflawni tasg. I ennill mwy o wybodaeth dechnegol am sut i ddefnyddio'r cyfarpar yn llwyddiannus, bydd eich tiwtor yn gallu arddangos llawer mwy o wybodaeth dechnegol yn yr amgylchedd cywir.

Bydd y bennod hon yn ymdrin â'r meysydd canlynol ym manyleb CBAC:

Uned 2 DD2 Gallu cynllunio'r broses gynhyrchu peirianyddol	
MPA2.1 Nodi'r adnoddau sydd eu hangen	Adnoddau: defnyddiau; cyfarpar; offer; amser
Uned 2 DD3 Gallu defnyddio cyfarpar peirianyddol	
MPA3.1 Defnyddio offer i gynhyrchu cynhyrchion peirianyddol	Offer: offer llaw; offer turn; offer turnio; offer trydanol symudol
MPA3.2 Defnyddio cyfarpar i gynhyrchu cynhyrchion peirianyddol	Cyfarpar: turniau canol; peiriannau drilio; peiriannau melino; cyfarpar trydanol symudol; amlfesuryddion; blwch golau UV PCB; tanc PCB
Uned 2 DD4 Gallu defnyddio prosesau peirianyddol	
MPA4.1 Defnyddio prosesau peirianyddol i gynhyrchu cynhyrchion peirianyddol	Defnyddiau: metelau; anfetelau, e.e. pren, plastigion Prosesau peirianyddol: mesur a marcio; torri; gorffennu; paratoi; siapio; drilio; turnio; presyddu; uno; ffeilio; sodro

Term allweddol

PCB: bwrdd cylched brintiedig. Bwrdd cylched sy'n cael ei wneud gan ddefnyddio gweithgynhyrchu drwy gymorth cyfrifiadur, ac sydd o ddifrif yn 'brintiedig'.

Rhagymadrodd

Mae'r wybodaeth dechnegol a gewch chi o'r bennod hon a Phennod 12 yn wybodaeth y bydd disgwyl i chi ei dangos mewn amgylchedd gweithdy ar gyfer Uned 2.

Cewch chi gyfres o luniadau orthograffig (lluniadau gweithio) a bydd disgwyl i chi gynhyrchu'r cynnyrch sydd i'w weld yn y lluniadau gan ddefnyddio'r wybodaeth rydych chi'n ei chael o'r bennod hon a'r bennod nesaf, a dangos gwybodaeth am y cyfarpar a'r prosesau yn y gweithdy hefyd.

Bydd disgwyl i chi hefyd ddangos eich gwybodaeth am iechyd a'ch defnydd o ddiogelwch mewn amgylchedd gwaith; bydd eich tiwtor yn asesu hyn ac yn rhoi gradd i chi fel rhan o broses barhaus Uned 2.

Ym Mhennod 13, byddwch chi'n edrych ar y gwaith mae angen ei gyflwyno i gael gradd dda am Uned 2 ac ar enghreifftiau o wahanol fformatau y gellid eu cyflwyno i fodloni'r Meini Prawf Asesu (MPA).

Offer peiriannu

Y turn canol

Peiriant sy'n cael ei ddefnyddio i weithgynhyrchu cynhyrchion/gwrthrychau silindrog yn bennaf yw'r turn canol. Mae'n gallu defnyddio 'trawstoriadau' gwahanol o fetel (e.e. hecsagonol, sgwâr ac ati) i gynhyrchu siapiau fel ciwbiau, ond mae'r gweithrediadau hyn yn tueddu i fod yn fwy technegol gymhleth na dim ond creu gwrthrych silindrog. Mae turniau canol yn cael eu gweithredu â llaw (mewn gweithdai) a drwy ddefnyddio CNC mewn diwydiant. Meddyliwch faint o eitemau/darnau silindrog sydd yn y byd. Gallwn ni ddefnyddio llawer o ddefnyddiau gwahanol ar durn canol, e.e. metelau a phlastigion. Isod mae llun o durn canol o'r math a welwch chi'n aml mewn gweithdy lle mae'r gwaith yn cael ei wneud â llaw.

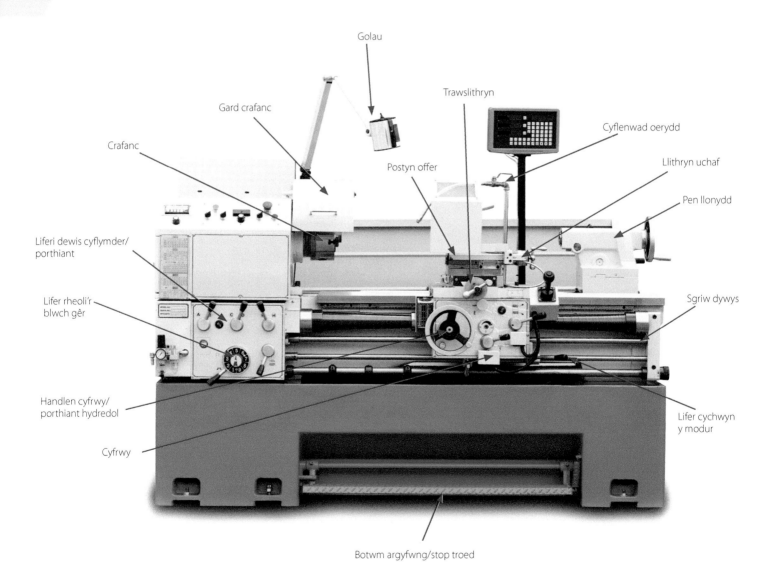

↑ *Turn canol.*

Ymadroddion cyffredin

TURNIO		Lleihau **diamedr** gwrthrych silindrog.
GORFFEN WYNEBU		Sicrhau bod **pen** gwrthrych silindrog yn fflat (yn berpendicwlar i'w ochrau).
PARTIO		**Torri** darn gwaith i hyd penodol gan ddefnyddio offeryn torri penodol (offeryn partio).
TURNIO TAPR		Creu **tapr** ar hyd y darn gwaith.
NWRLIO		Creu **arwyneb gweadog** ar eich darn gwaith.
RHIGOLI/ RHIGOLI WYNEB		Creu **rhigol** ar y **diamedr allanol** neu'r **wyneb**.
TURIO		Gwneud twll mewn darn gwaith yn fwy gan ddefnyddio offer torri neu 'bar turio'.

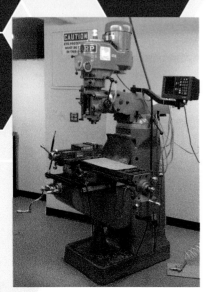

↑ *Peiriant melino fertigol.*

Y peiriant melino fertigol

Rydyn ni'n defnyddio peiriant melino â llaw (peiriant melino fertigol) i siapio defnyddiau fel metelau a phlastigion. Mae'r rhan fwyaf o gynhyrchion sy'n cael eu gweithgynhyrchu drwy felino heddiw'n defnyddio melinwyr CNC i siapio gwahanol ddefnyddiau (e.e. sgerbydau ffôn alwminiwm). Gall melino fod yn fanwl gywir iawn os caiff ei wneud yn iawn, oherwydd gallwch chi amnewid yr offer torri a gallwch chi hefyd felino gan ddefnyddio offer torri â diamedr bach i roi mwy o fanylder.

Ymadroddion cyffredin

MELINO WYNEB	Defnyddio **gwaelod** yr offeryn torri i 'rwygo' defnydd i ffwrdd.
MELINO YMYL	Defnyddio **ochr** yr offeryn torri i 'rwygo' defnydd i ffwrdd.

↑ *Melino.*

↑ *Alwminiwm wedi'i felino.*

Driliau peiriant

Driliau sy'n sownd mewn un lle yw driliau peiriant. Yn wahanol i ddriliau llaw (e.e. diwifr), gall driliau peiriant fod yn fanwl gywir iawn oherwydd gallwn ni glampio'r darn gwaith yn ei le neu ei ddal mewn feis peiriant a gostwng yr ebill dril sy'n cylchdroi gan ddefnyddio'r lifer porthiant.

Mae'r dril mainc yn fath llai o ddril peiriant sydd wedi'i folltio ar ddesg/ mainc, ac mae'r dril piler yn fwy ac yn sefyll ar lawr y gweithdy. Mae'r dril piler yn fwy o faint ac yn fwy pwerus, felly gallwn ni ei ddefnyddio i ddrilio tyllau â diamedr mwy.

Mae gan bob dril peiriant system belt newidiol sy'n galluogi'r defnyddiwr i gyflymu neu arafu cyflymder yr ebill dril, gan ddibynnu ar y defnydd sy'n cael ei ddrilio a diamedr yr ebill dril sy'n cael ei ddefnyddio.

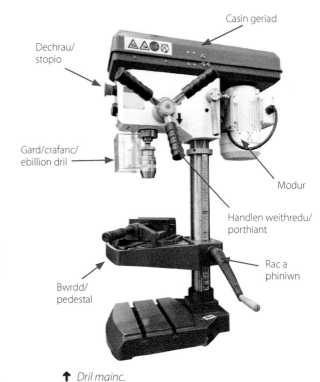

Casin geriad

Dechrau/ stopio

Gard/crafanc/ ebillion dril

Modur

Handlen weithredu/ porthiant

Rac a phiniwn

Bwrdd/ pedestal

↑ *Dril mainc.*

↑ *Drilio.*

↑ *Ebillion dril.*

Driliau llaw

Driliau sy'n cael eu dal mewn llaw yw driliau llaw. Mae llawer o fathau o ddriliau llaw ar gael (micro-ddriliau, driliau carntro, math curwr wyau, ac ati) ond dyma rai enghreifftiau o ddriliau llaw pŵer.

Dril morthwyl â gwifren/diwifr

Mae driliau morthwyl â gwifren/diwifr yn ddriliau cyffredin iawn sydd ar gael mewn siopau DIY. Mae'r math hwn o ddril gan y rhan fwyaf o gartrefi, ac maen nhw'n cael eu defnyddio'n bennaf i ddrilio i mewn i waith maen (waliau) i hongian silffoedd a rheiliau llenni. Mae'r driliau hyn yn dod â gosodiad 'morthwyl' sy'n symud yr ebill dril i mewn ac allan wrth iddo gylchdroi, i greu gweithred naddu, sy'n ei gwneud hi'n haws drilio drwy waith maen. Mae ganddyn nhw osodiadau trorym hefyd a nodweddion fel crafanc ddiallwedd (gweler yr adran ganlynol am fwy am y rhain), goleuadau LED, magnetau, gosodiadau pŵer/cyflymder newidiol, a handlenni blaen ar gyfer tyllau mawr (driliau SDS yn bennaf). Mae'r driliau diwifr yn llawer mwy poblogaidd erbyn hyn gan y gallan nhw fod yr un mor bwerus â driliau â gwifren ond heb i chi orfod rhoi ceblau estyniad lle bynnag rydych chi'n gweithio.

Term allweddol

LED: deuod allyrru golau; cydran drydanol sy'n rhyddhau neu'n allyrru golau.

Cyngor

Gan ddibynnu pa ebill dril rydych chi'n ei ddefnyddio, gallwch chi ddefnyddio dril llaw i ddrilio i mewn i'r rhan fwyaf o ddefnyddiau gwydn.

Crafanc ddiallwedd

Gosodiad trorym/morthwyl

Gosodiad ymlaen/ yn ôl

Clicied amrywio'r cyflymder

Gafael

Batri ailwefradwy

→ *Dril morthwyl diwifr.*

Crafangau

Y darn o ddril/peiriant sy'n dal yr ebill dril (offeryn torri) yw'r crafangau. Mae crafangau hefyd i'w cael mewn **turniau canol** i ddal y darn gwaith a'r ebill dril yn y pen llonydd.

Fel arfer, mae angen defnyddio allwedd grafanc i agor a chau crafangau driliau â gwifren (yn ogystal â driliau peiriant). Caiff yr allwedd grafanc ei defnyddio i lacio/tynhau safnau'r crafanc a gall eu tynhau nhw hyd at osodiad trorym uchel ar gyfer ebillion dril â diamedr mawr.

Ar ddriliau diwifr, fel arfer fe welwch chi grafangau diallwedd sy'n cael eu tynhau â llaw. Mae'r mathau hyn o grafangau'n dibynnu ar afael cryf gan y defnyddiwr i sicrhau trorym uchel sy'n addas i ebill dril. Mantais arall i'r crafangau diwifr yw nad oes angen cludo na defnyddio darn/cydran ychwanegol a does dim perygl o fethu â defnyddio'r dril oherwydd bod yr allwedd grafanc ar goll.

Mae gan y rhan fwyaf o grafangau dair safn ac maen nhw'n **hunanganoli** wrth ddefnyddio darnau crwn neu hecsagonol. Fodd bynnag, gallwn ni newid y crafangau ar durniau canol am grafanc pedair safn ar gyfer darnau sgwâr/wythonglog. Mae angen canoli'r crafangau pedair safn hyn â llaw.

↑ *Crafanc ddiallwedd.*

↑ *Crafanc Jacobs.*

↑ *Crafanc ac allwedd turn canol â thair safn. Mae un safn wedi'i throi drosodd i ddangos y dannedd.*

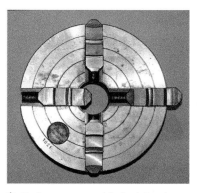

↑ *Crafanc turn canol â phedair safn.*

Ebillion dril

Ebillion dril yw'r 'offer torri' sy'n cael eu rhoi yng 'nghrafanc' dril ac sy'n cylchdroi i dorri twll mewn defnydd gwydn fel pren, metel, plastig neu waith maen. Mae llawer o fathau o ebillion dril ar gael sy'n cael eu defnyddio ar gyfer amrywiaeth o dasgau. Isod mae rhai ebillion dril cyffredin gallech chi ddod o hyd iddynt gartref neu mewn gweithdy.

- **Ebillion dril dirdro** yw un o'r ebillion dril mwyaf cyffredin. Maen nhw'n gallu drilio'r rhan fwyaf o ddefnyddiau gan gynnwys metelau, plastigion a phren (er bod ebillion pren arbenigol eraill ar gael) ond dydyn nhw ddim yn gallu drilio i mewn i waith maen. Maen nhw wedi'u gwneud o HSS, sy'n well am wrthsefyll gwres na dur carbon uchel ac sydd felly ddim yn treulio cymaint. Maen nhw'n aml yn lliw llwyd tywyll/du.

↑ *Ebillion dril dirdro.*

- Mae **ebillion maen** yn gyffredin iawn mewn cartrefi ac yn cael eu defnyddio i ddrilio i mewn i frics/waliau/gwaith maen. Mae ganddyn nhw flaen **naddedig** sy'n aml wedi'i wneud o dwngsten carbid (defnydd CALED iawn) sydd wedi'i uno â'r siafft ddur. Mae'r blaen naddedig yn helpu i naddu'r gwaith maen i ffwrdd wrth ddefnyddio'r gosodiad 'morthwyl' ar y dril. Maen nhw'n aml yn lliw arian sgleiniog.
- Mae **ebillion fflat** fel arfer i'w gweld mewn gweithdai gwaith coed ac yn cael eu defnyddio i ddrilio tyllau â diamedr mawr mewn pren. Maen nhw'n gadael ymylon garw, a dylid eu defnyddio nhw gyda dril mwy pwerus oherwydd y ffrithiant sy'n digwydd. Ni ddylid eu defnyddio nhw ar fetelau. Maen nhw'n cael eu defnyddio i ddrilio tyllau eithaf mawr mewn byrddau a darnau o bren.
- Caiff **ebillion Forstner** eu defnyddio fel arfer i dorri tyllau dall (lle dydych chi ddim yn torri'r holl ffordd drwy'r pren) sy'n ddefnyddiol ar gyfer colfachau ar fathau gwahanol o ddodrefn â drysau (e.e. cypyrddau'r gegin). Maen nhw'n dod mewn diamedrau mwy, a dim ond gyda phrennau (gwneud a naturiol) neu rai plastigion y dylid eu defnyddio nhw.

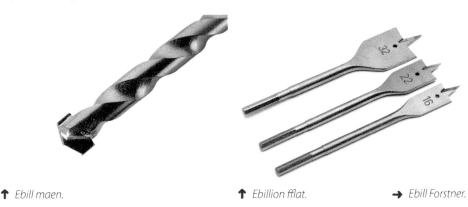

↑ *Ebill maen.*   ↑ *Ebillion fflat.*   → *Ebill Forstner.*

Offer llaw

Sgwâr profi peiriannydd

Mae sgwâr profi peiriannydd yn offeryn ar gyfer sgrifellu linellau perpendicwlar (90°) ar ddarn o ddefnydd. Caiff y stoc ei osod ochr yn ochr â'r darn gwaith ac mae'r llafn yn gorffwys ar y darn gwaith ar 90°. Mae hefyd yn hawdd llithro'r sgwâr profi peiriannydd i fyny ac i lawr y darn.

Term allweddol

Sgrifellu: mesur a marcio.

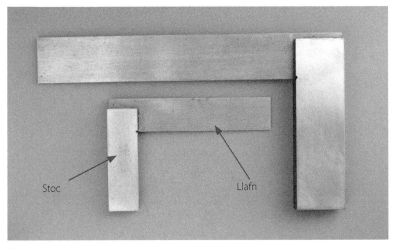

Stoc   Llafn

↑ *Sgwâr profi peiriannydd (gwaith metel).*   ↑ *Sgwâr profi (gwaith coed).*

Sgrifell

Offeryn llaw yw sgrifell. Caiff ei ddefnyddio i fesur a marcio'r lle sy'n barod i'w beiriannu/torri/drilio ac ati ar ddarnau gwaith metel. Mae'r sgrifell wedi'i gwneud o ddur carbon uchel ac wedi'i chaledu i wneud yn siŵr y gall hi ricio arwyneb y metel. Gallwn ni beintio hylif marcio glas ar arwyneb a sgrifellu drwyddo i greu llinell denau.

↑ *Amrywiaeth o sgrifelli.*

Medrydd arwyneb

↑ *Medrydd arwyneb.*

Sgrifell yn sownd wrth stand addasadwy sydd hefyd yn gallu cael ei magneteiddio yw medrydd arwyneb. Mae'r medrydd arwyneb yn gallu symud o gwmpas arwyneb gwastad i sgrifellu llinellau llorweddol yn fanwl gywir yn ogystal â gwirio bod arwynebau'n wastad ar ôl prosesau fel melino/plaenio.

Cwmpawd mesur

Mae cwmpawd mesur yn gweithio'n debyg iawn i gwmpawd arferol. Yn hytrach na phensil ar un pen, mae gan y cwmpawd mesur sgrifelli ar y ddau ben. Mae hyn yn eich galluogi chi i sgrifellu cylchoedd ar arwynebau metelig.

↑ *Cwmpawd mesur.*

↑ Bloc V.

Bloc V

Yn y bôn, jig yw bloc V sy'n cael ei ddefnyddio i ddal trychiadau crwn neu silindrog o fetel neu blastig wrth iddyn nhw gael eu mesur a'u marcio (sgrifellu), eu drilio, neu unrhyw weithrediad perthnasol arall. Dylai fod clampiau yn sownd arnyn nhw sy'n gallu sgriwio i lawr i ddal y darn gwaith yn ei le wrth iddo gael ei sgrifellu/wrth i waith gael ei wneud arno. Mae'r V yn ffurfio ongl 90°. Maen nhw hefyd yn cael eu prynu mewn parau, i'w defnyddio ar gyfer darnau hirach o fetel.

Pwnsh canoli

Rydyn ni'n defnyddio pwnsh canoli i fesur a marcio canol twll wrth baratoi i'w ddrilio. Mae'r pwnsh canoli hefyd yn creu crater bach er mwyn i'r ebill dril eistedd ynddo a brathu yn hytrach na sglefrio ar hyd yr arwyneb ac efallai drilio yn y man anghywir. Mae pynsiau canoli fel arfer wedi'u gwneud o ddur â blaen wedi'i galedu.

↑ Pwnsh canoli.

Morthwyl wyneb crwn

Gallwn ni ddefnyddio morthwyl wyneb crwn i siapio metel. Caiff ei ddefnyddio hefyd ar gyfer prosesau traddodiadol, fel taro pwnsh canoli, drwy ddefnyddio'r arwyneb gwastad. Gallwn ni ddefnyddio darn crwn y pen i siapio llenfetelau neu i siapio pennau rhybedion. Mae'r rhan fwyaf o waith siapio erbyn hyn yn cael ei wneud â pheiriannau diwydiannol, ond mae'r morthwyl wyneb crwn yn dda i wneud tasgau bach mewn amgylchedd gweithdy. Rhaid i forthwylion wyneb crwn fod yn wydn, felly maen nhw'n cael eu gwneud o ddur carbon uchel wedi'i ofannu (trin â gwres).

↑ Morthwyl wyneb crwn.

Snipiwr tun/gwellaif llaw

Rydyn ni'n defnyddio snipiwr tun i dorri llenfetelau â llaw. Mae gwellaif mwy, tebyg i gilotîn, ar gael ar gyfer llenfetel mwy trwchus ond maen nhw'n drafferthus ac fel arfer yn sownd mewn un lle. Mae snipiwr tun yn gymharol hawdd a chyflym ei ddefnyddio, ond mae'n gyfyngedig o ran trwch y defnydd llen.

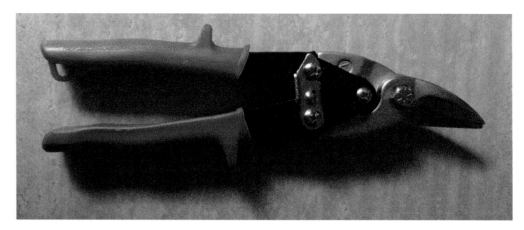

⬆ *Snipiwr tun.*

Haclifiau

Mae dau brif fath o haclif: yr haclif safonol a'r haclif fach. Mae'r haclif fach yn fersiwn llai o'r haclif ac mae weithiau'n haws ei defnyddio ar dasgau llai neu os oes llai o le (weithiau mae plymwyr yn defnyddio haclifiau bach i dorri pibellau copr oherwydd eu bod nhw'n gweithio mewn lleoedd cyfyng). Caiff yr haclif ei defnyddio'n bennaf i dorri gwahanol fathau o fetelau, ond gallwn ni ei defnyddio hefyd ar rai plastigion.

Mae'r dannedd ar haclif yn fach a chaled iawn, sy'n ddelfrydol i dorri defnyddiau caletach fel metelau. Gallwch chi brynu gwahanol lafnau â'r TPI yn amrywio a'u defnyddio nhw i dorri metelau o drwch a mathau gwahanol. Maen nhw ar werth fel arfer mewn siopau DIY; y cyfartaledd yw 24 TPI ar gyfer y rhan fwyaf o dasgau cyffredinol.

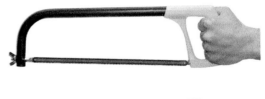
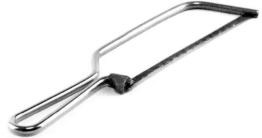

⬆ *Haclif safonol (top) a haclif fach (uchod).*

> **Term allweddol**
>
> TPI: dannedd y fodfedd. Faint o 'ddannedd' sydd gan lafn llif bob modfedd.

Dannedd y fodfedd (TPI)	Defnydd/tasg
14TPI	Metelau mwy trwchus, metelau mwy meddal
18TPI	Metelau trwchus i gyfartalog
24TPI	Metelau cyfartalog/ defnydd cyffredinol
32TPI	Metelau teneuach, metelau caletach

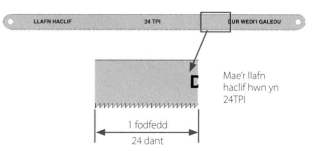

Mae'r llafn haclif hwn yn 24TPI

LLAFN HACLIF   24 TPI   DUR WEDI'I GALEDU

1 fodfedd
24 dant

Ffeiliau llaw

Mae ffeiliau llaw'n cael eu defnyddio'n bennaf i lyfnhau arwynebau garw ar wrthrychau metelig. Gallwn ni eu defnyddio nhw ar blastigion penodol (mae rhai plastigion yn tagu'r ffeil) ond ddylen nhw ddim cael eu defnyddio ar brennau (mae offer eraill ar gael, fel rhathellau, i wneud yr un gwaith ar brennau). Yn union fel papur gwydrog, maen nhw'n defnyddio arwyneb sgraffiniol i lyfnhau'r defnydd ac mae gwahanol raddau ar gael (e.e. garw neu lyfn). Wrth weithio ar ddarn gwaith, dylech chi ddechrau â ffeil gradd 'garw' a gorffen yn y pen draw â ffeil gradd 'llyfn'.

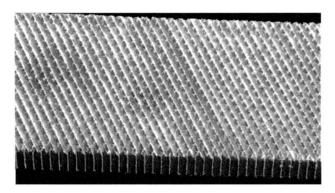

↑ *Golwg manwl ar ffeil gradd garw.*

Mae llawer o ffeiliau â gwahanol broffiliau/siapiau ar gyfer amrywiaeth o dasgau.

Ffeiliau fflat

Y ffeil fflat yw'r ffeil fwyaf cyffredin ac mae'n cael ei defnyddio i lyfnhau darnau gwaith yn fflat. Mae ganddi hi 'ymyl ddiogel' hefyd sy'n llyfn, felly dim ond un arwyneb ar gornel fewnol fydd yn cael ei ffeilio.

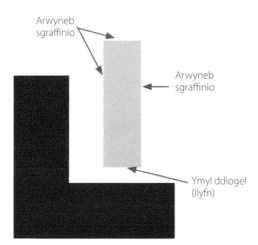

Arwyneb sgraffinio

Arwyneb sgraffinio

Ymyl ddiogel (llyfn)

Ffeiliau lled-fflat/hanner crwn

Rydyn ni'n defnyddio'r ffeil led-fflat neu hanner crwn ar arwynebau crwm mewnol.

Ffeil

Darn gwaith

Ffeiliau crwn

Rydyn ni'n defnyddio'r ffeil grwn ar du mewn tyllau sydd wedi'u drilio. Mae hi'n dda am gael gwared ar ymylon garw.

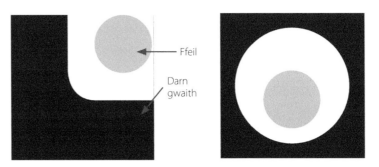

Ffeiliau trionglog

Gall ffeil drionglog ffitio mewn corneli mewnol tyn iawn. Mae hi hefyd yn ddefnyddiol i ddechrau 'rhigol' ar arwyneb gwastad.

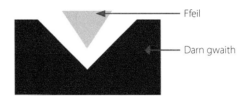

Ffeiliau sgwâr

Mae ffeil sgwâr yn dda am ffeilio corneli mewnol (y ddwy ymyl) ac mae hi'n gallu ffeilio rhigolau sgwâr yn yr arwyneb, gan fod ei phroffil yn eithaf tenau.

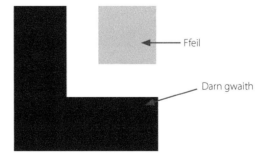

Tap a dei

Rydyn ni'n defnyddio setiau tap a dei i greu edafedd ar ddarnau gwaith neu y tu mewn iddynt. Gallwch chi ddefnyddio set tap a dei i greu nytiau a bolltau o wahanol fathau o fetelau. Mae setiau tap a dei hefyd yn ddefnyddiol i lanhau edafedd sy'n bodoli, mewn proses o'r enw siasio, ond mae hyn yn gadael yr edau ychydig yn fwy llac.

Caiff y tap ei ddefnyddio i greu/torri edafedd **MEWNOL**. Ar ôl drilio twll, gallwch chi ddefnyddio'r tap i dorri edau ar waliau'r twll drwy **sgriwio** y tap i mewn i'r twll sydd wedi'i ddrilio. Mae tapiau'n defnyddio tyndro tap sy'n gallu cael ei addasu i wahanol feintiau. Mae tapiau ar gael mewn amrywiaeth o siapiau. Mae tapiau tapr yn ei gwneud hi'n haws dechrau'r weithred torri.

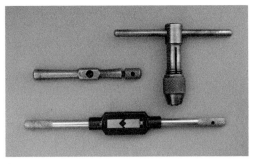

↑ Tyndroeon tap i greu edafedd mewnol.

↑ Enghraifft o edau mewnol sydd wedi'i greu gan dap.

↑ Dei, tyndro dei a thapiau sy'n cael eu defnyddio i dorri edafedd allanol.

↑ Mae'r bibell hon yn dangos enghraifft o edau allanol. Gallwch chi weld sut byddai'r edau allanol yn mynd i mewn i'r edau mewnol.

Caiff y dei ei ddefnyddio i greu/torri edafedd **ALLANOL**. Ar fetel trychiad crwn, gallwch chi ffitio'r dei dros y pen a, drwy ei gylchdroi, gallwch chi dorri edau'n araf ar arwyneb allanol y metel trychiad crwn. Gallwch chi agor neu gau deiau ychydig bach drwy ddefnyddio'r sgriwiau ar y **daliwr/tyndro dei**. Mae hyn yn helpu i ddechrau'r sgriwio ac yn caniatáu i chi addasu'r gosodiad diamedr i ffitio metel trychiad crwn.

I greu edau M8, fel arfer byddai angen i chi ddrilio twll 7mm i ganiatáu digon o ddefnydd i dorri'r edau (mae maint tyllau wedi'u drilio yn amrywio gan ddibynnu ar faint yr edau mae angen ei dorri, felly mae'n syniad da i chi ddefnyddio siart i wirio hyn). Dyma ganllaw bras i'ch helpu chi.

Maint y tap	M3	M4	M5	M6	M7	M8
Maint y dril	2.5mm	3.3mm	4.2mm	5mm	6mm	6.75mm

> **Cyngor**
>
> Yn aml, fe welwch chi wybodaeth ar y tapiau a'r deiau i esbonio'r meintiau:
> • M8 = metrig 8mm.

Caliperau

Rydyn ni'n defnyddio caliperau i fesur gwahanol ddimensiynau darn gwaith. Gallwn ni 'osod' caliperau ar fesuriad penodol ac yna eu defnyddio nhw i wirio'r mesuriadau wrth i waith gael ei wneud ar y darn gwaith. Mae hyn yn ein harbed ni rhag defnyddio riwliau dur a gorfod darllen y mesuriadau lawer gwaith i wirio cywirdeb, ac mae hefyd yn cynnig cysondeb.

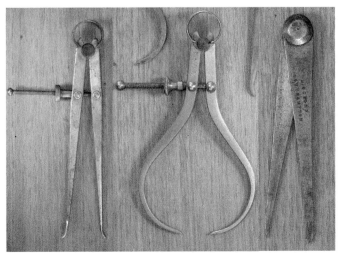

Mesuriadau diamedr MEWNOL   Mesuriadau diamedr ALLANOL   Mesuriadau o'r YMYL

↑ Caliperau.

Caliperau mewnol

Rydyn ni'n defnyddio caliperau mewnol i wirio dimensiynau rhan fewnol wrth weithio arni (twll, yn bennaf). Un enghraifft dda fyddai gwirio diamedr mewnol twll wrth i chi durio twll sydd wedi'i ddrilio ymlaen llaw ar durn canol.

Caliperau allanol

Rydyn ni'n defnyddio caliperau allanol i wirio dimensiynau rhan allanol wrth weithio arni. Enghraifft dda fyddai gwirio diamedr allanol darn gwaith rydych chi'n ei 'durnio i lawr' ar durn canol.

↑ *Caliperau mewnol.*

↑ *Caliperau allanol.*

Caliperau jenni

Rydyn ni'n defnyddio caliperau jenni i sgrifellu llinellau syth/paralel i ymyl ar ddarn gwaith neu drychiad. Gallwn ni hefyd eu defnyddio nhw ar ddefnyddiau trychiad crwn.

Mae gan y set hon ymyl riciog sy'n ei gwneud hi'n haws 'rhedeg' i lawr ymyl darn gwaith

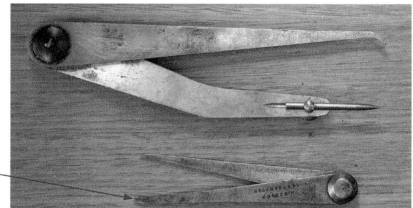

↑ *Dau fath gwahanol o galiperau jenni.*

Caliperau fernier

Mae caliperau fernier yn offer mesur defnyddiol sy'n galluogi'r defnyddiwr i fesur **diamedrau allanol**, **diamedrau mewnol** a **dyfnderau** (sydd hefyd yn gallu cael eu defnyddio i fesur rhannau mwy gwastad/mwy sgwâr o ddarnau gwaith). Maen nhw'n fanwl gywir iawn ac yn gallu mesur hyd at 100fed o filimetr (e.e. 24.72mm).

Safnau (mesur) mewnol

Sgriw gloi

Graddfa fetrig

Medrydd dyfnder

Safnau (mesur) allanol

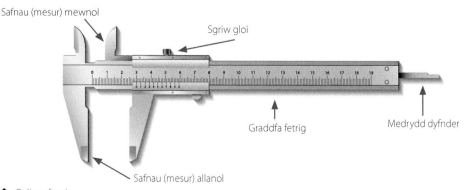
↑ *Caliper fernier.*

Micromedrau

Mae'r micromedr yn ddyfais fesur ddefnyddiol arall sy'n rhoi mesuriadau manwl gywir iawn. Rydyn ni'n ei ddefnyddio'n bennaf i fesur diamedrau allanol a dimensiynau allanol pethau fel trychiadau metel.

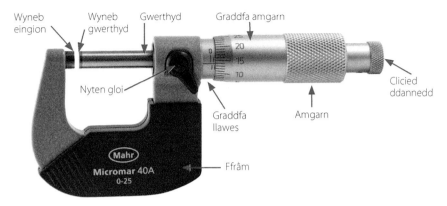

↑ *Micromedr.*

Amlfesuryddion

Dyfais electronig yw amlfesurydd sy'n cael ei defnyddio i fesur y cerrynt (A – amperau), y foltedd (V – foltiau) a'r gwrthiant (Ω – OHMAU) mewn system neu gylched. Mae rhai'n rhoi darlleniad digidol, ac eraill yn rhoi darlleniad analog (deial). Rydyn ni'n eu defnyddio nhw fel dyfais datrys problemau i ganfod diffygion mewn cylchedau a systemau, a hefyd i brofi cylchedau neu systemau wrth wneud gwaith cynnal a chadw. Gallwch chi hyd yn oed brofi faint o bŵer sydd ar ôl mewn batrïau.

↑ *Amlfesurydd â darlleniad digidol.*

Blychau golau UV PCB a thanciau PCB

Bydd gan rai gweithdai y cyfarpar sydd ei angen i weithgynhyrchu eu byrddau cylched brintiedig (PCBs) eu hunain. Mae rhai Peirianwyr eisiau creu eu cyfarpar eu hunain, ac weithiau bydd angen i'r rhain gynnwys cylchedau syml. Gyda'r wybodaeth gywir, gall y rhan fwyaf o Beirianwyr ddylunio eu cylchedau eu hunain i wneud gweithrediadau syml. I greu'r cylchedau syml, bydd rhaid i Beirianwyr fynd drwy'r broses o wneud eu byrddau cylched eu hunain.

I wneud bwrdd cylched syml, bydd angen i chi wneud y canlynol:

1. Dylunio cylched syml

2. Torri darn o fwrdd ffoto-wrthiannol plât copr i'r maint cywir.

3. Rhoi llun wedi'i argraffu o'ch cylched ar len blastig denau (masgio ardal y gylched ar y plât copr).

4. Rhoi'r bwrdd ffoto-wrthiannol mewn golau uwchfioled (UV) (gan ddefnyddio blwch golau UV).

5. Rhoi eich bwrdd ffoto-wrthiannol mewn hydoddiant datblygu.

6. Rhoi eich bwrdd ffoto-wrthiannol mewn tanc ysgythru PCB (yn llawn hylif ysgythru) lle bydd y copr dieisiau'n hydoddi gan adael dim ond y traciau copr ar gyfer y gylched rydych chi wedi'i dylunio.

7. Dechrau llenwi eich PCB â'r cydrannau gofynnol.

↑ *Enghraifft o'r math o danc ysgythru sydd ar gael mewn rhai gweithdai.*

Peiriannau bwffio/llathru

Mae'r peiriant bwffio (neu beiriant llathru) yn cael ei ddefnyddio i lathru/gorffennu'r darn gwaith am y tro olaf. Ei brif bwrpas yw rhoi gorffeniad llathredig iawn i fetelau, ond gallwn ni hefyd ei ddefnyddio ar rai plastigion. Cyn defnyddio'r peiriant hwn, yn gyntaf dylech chi ddefnyddio ffeiliau main a phapur gwlyb a sych i gael gwared ag unrhyw grafiadau neu farciau feis oddi ar eich darn gwaith metel er mwyn rhoi arwyneb llyfn i'r peiriant bwffio weithio arno. Enw'r 'darnau' o'r peiriant sy'n llathru yw'r 'mopiau'. 'Disgiau' ffabrig naturiol yw'r rhain sydd wedi'u pwytho at ei gilydd mewn llawer o haenau. Wrth gael eu troelli'n gyflym (hyd at 3,000 C.Y.F.) maen nhw'n rhoi arwyneb anhyblyg sy'n gallu llathru metelau'n effeithiol wrth iddynt gael eu pwyso yn erbyn y metelau.

↑ *Peiriant bwffio.*

Tasg 11.1

Copïwch yr ail a'r drydedd golofn yn y tabl canlynol i'ch nodiadur a'u cwblhau gan ddefnyddio eich gwybodaeth am yr offer a'r cyfarpar sydd yn y llun yn y golofn gyntaf.

Offeryn neu gyfarpar	Enw	Defnydd/swyddogaeth

Tasg 11.1 *parhad*

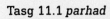

Offeryn neu gyfarpar	Enw	Defnydd/swyddogaeth

12 Prosesau Peirianyddol

Yn y bennod hon, rydych chi'n mynd i wneud y canlynol:
→ Dysgu sut i adnabod pa brosesau sydd eu hangen i gwblhau project
→ Deall sut i uno (ffabrigo) defnyddiau yn effeithiol
→ Deall sut gallwn ni ddefnyddio gwahanol brosesau mowldio i ffurfio plastigion.

I gyflawni'r amcanion yn llwyddiannus, dylai fod amgylchedd gweithdy ar gael i chi lle gallwch gyflawni digon o brosesau ffabrigo (gwneud) i ddangos eich sgiliau peirianyddol (dylai eich ysgol neu goleg ddarparu'r cyfleusterau hyn).

Bydd y bennod hon yn ymdrin â'r meysydd canlynol ym manyleb CBAC:

Uned 2 DD4 Gallu defnyddio prosesau peirianyddol	
MPA4.1 Defnyddio prosesau peirianyddol i gynhyrchu cynhyrchion peirianyddol	Defnyddiau: metelau; anfetelau, e.e. pren, plastigion Prosesau peirianyddol: mesur a marcio; presyddu; uno; ffeilio; sodro

Rhagymadrodd

Yn y bennod ddiwethaf, fe wnaethon ni drafod sut caiff gwahanol offer a chyfarpar eu defnyddio, y wybodaeth dechnegol sydd ei hangen i'w hadnabod nhw ac ar gyfer beth maen nhw'n cael eu defnyddio (prosesau). Yn y bennod hon, bydd mwy o ffocws ar y prosesau diwydiannol dylai Peirianwyr wybod amdanynt i allu nodi pa broses gallai fod ei hangen wrth gyflawni project. Mae prosesau peirianyddol yn golygu ffyrdd o ffabrigo defnyddiau gwahanol (eu rhoi nhw at ei gilydd a'u siapio nhw), a bydd y bennod hon yn dangos i chi sut gallwn ni ddefnyddio prosesau gwahanol ar ddefnyddiau gwahanol i ffurfio cynhyrchion neu ddarnau o gynhyrchion.

Uno defnyddiau

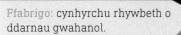

Term allweddol

Ffabrigo: cynhyrchu rhywbeth o ddarnau gwahanol.

Mae angen i Beirianwyr ddeall sut i **uno** defnyddiau. Fel arfer, caiff cynhyrchion newydd eu gwneud neu eu ffabrigo o ddarnau gwahanol, a bydd angen uno'r rhain rywsut. Mae gwybod sut i uno'r ddarnau gwahanol yn sgìl pwysig.

Mae'n debyg y byddwch chi wedi uno neu ffabrigo defnyddiau yn barod, gan ddefnyddio gwahanol ddefnyddiau a chydrannau i'w huno nhw. Fodd bynnag, mae llawer o ddulliau uno hefyd, fel defnyddio adlynion, tapiau, sgriwiau, nytiau a bolltau, uniadau, colfachau, weldio, sodro, ac ati.

Yn gyffredinol, gallwn ni rannu uno darnau/defnyddiau yn ddwy ran:
• uniadau/gosodiadau parhaol
• uniadau/gosodiadau dros dro.

Uniadau/gosodiadau parhaol

Mae uniadau parhaol yn ... barhaol. Maen nhw wedi'u dylunio i beidio â gwahanu yn ystod oes y cynnyrch. Mae'r rhain yn cynnwys y canlynol:
• sodro
• presyddu
• weldio
• rhybedion
• adlynion.

Uniadau/gosodiadau dros dro

Mae uniadau dros dro'n *gallu* para am amser hir ond yn y bôn, maen nhw wedi'u dylunio i beidio para ac maen nhw'n gwahanu yn y pen draw. Mae'r rhain yn cynnwys y canlynol:

- adlynion
- tâp
- sgriwiau
- nytiau a bolltau
- ffitiadau datgysylltiol (cydrannau anarferol sy'n cael eu defnyddio i wneud dodrefn fflatpac).

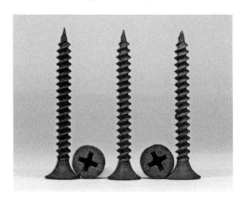 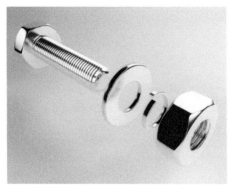 

↑ *O'r chwith i'r dde: Sgriwiau hunandapio pen fflat Phillips; nyten, wasier a bollt; bollt cam cloi.*

Mae'r gyfres ganlynol o brosesau peirianyddol yn edrych ar uno defnyddiau â'i gilydd yn barhaol. Caiff hyn hefyd ei alw'n 'ffabrigo' cynhyrchion.

Sodro

Proses sy'n cael ei defnyddio i uno darnau metel â'i gilydd yw sodro. Mae'n cael ei defnyddio'n aml wrth uno cydrannau â byrddau cylched neu yn y diwydiant plymwaith.

Mae sodr yn aloi o ddau fetel gwahanol sydd, gyda'i gilydd, yn creu metel meddal ag ymdoddbwynt isel iawn. Roedd sodr yn arfer cael ei wneud o **dun** a **phlwm**; ond oherwydd cyfyngiadau ar ddefnyddio plwm mewn cynhyrchion defnyddwyr mae llawer o sodr nawr yn cael ei wneud o dun, copr, sinc neu arian (mae sodr diwydiannol yn defnyddio arian).

Oherwydd ei ymdoddbwynt isel, gallwn ni wresogi sodr a'i doddi i ffurfio o gwmpas metelau eraill heb i'r metelau eraill ymdoddi. Mae'n gweithredu fel 'glud' metel.

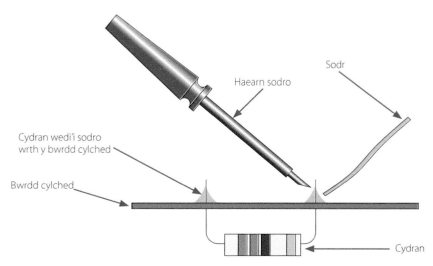

Sodr

Haearn sodro

Cydran wedi'i sodro
wrth y bwrdd cylched

Bwrdd cylched

Cydran

↑ *Enghraifft o'r broses sodro a sut gallwn ni uno cydran (gwrthydd) yn barhaol â'r bwrdd cylched.*

Term allweddol

Gwrthydd: cydran drydanol sy'n gallu cael ei defnyddio mewn cylched i leihau/arafu'r cerrynt ynddi.

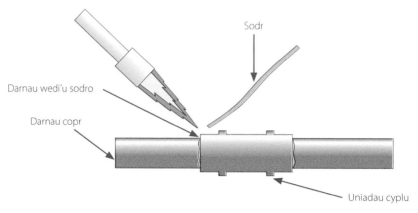

↑ Enghraifft o sut gallai plymwyr sodro pibellau copr at ei gilydd gan ddefnyddio gwres o chwythlamp.

Presyddu

↑ Enghraifft o'r broses bresyddu lle caiff dau ddarn o ddur eu huno'n barhaol.

Gallwn ni ddefnyddio presyddu fel proses i uno metelau gwahanol at ei gilydd. Mae'n dda ar gyfer uno dur (meddal/gwrthstaen) â metelau eraill yn ogystal â dur â dur. Mae presyddu'n defnyddio pres fel y metel aberthu i doddi ac uno'r metelau eraill. Mae pres yn llawer cryfach na sodr ac felly mae'n creu uniad llawer cryfach. Mae gan bres ymdoddbwynt uwch na sodr hefyd (ond mae'n dal yn is na dur) ac mae angen fflam boethach. Yn eithaf aml, byddwn ni'n defnyddio tortsh ocsi-asetylen oherwydd y tymereddau uchel mae'n eu cynhyrchu (tua 3,500° Celsius).

Fel wrth sodro, rydyn ni'n defnyddio fflwcs i lanhau'r man sydd i'w uno ac yna, drwy gapilaredd, mae'r pres wedi'i doddi yn llifo i'r man lle mae'r fflwcs wedi'i roi.

Gallwch chi hefyd ddefnyddio 'rhodenni llenwi', sef rhodenni metel treuliadwy sydd wedi'u gwneud o bres, yn hytrach na rhoi symiau bach o bres yn y man rydych chi am ei bresyddu/uno.

↑ Rhoden lenwi.

← Presyddu pibellau copr at ei gilydd.

Weldio MIG

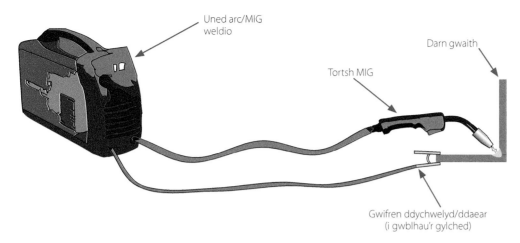

Uned arc/MIG weldio

Darn gwaith

Tortsh MIG

Gwifren ddychwelyd/ddaear (i gwblhau'r gylched)

↑ *Enghraifft o uned weldio MIG (chwith), a weldio dau ddarn o ddur gan ddefnyddio weldio MIG (de).*

Rydyn ni'n defnyddio weldio MIG i uno dur yn barhaol. Mae'n defnyddio cerrynt trydanol i greu arc drydanol gryf rhwng yr uniad dur rydych chi'n ei greu a gwifren ddur dreuliadwy (sef yr electrod). Mae gwres aruthrol yr arc drydanol yn toddi'r darn gwaith a'r wifren ddur dreuliadwy i wneud pwll tawdd lle maen nhw'n uno ac yn creu weld. Mae weldio MIG hefyd yn defnyddio NWY i weithredu fel fflwcs a glanhau'r uniad wrth i chi weldio. Mae'r nwy a'r wifren dreuliadwy yn cael eu bwydo drwy'r tortsh MIG. Caiff weldio MIG ei ddefnyddio fel arfer ar brojectau llai â defnyddiau teneuach.

Arc-weldio

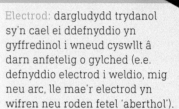

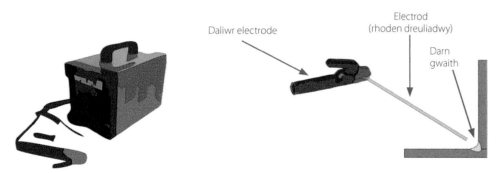

Daliwr electrode

Electrod (rhoden dreuliadwy)

Darn gwaith

↑ *Enghraifft o uned arc-weldio (chwith) ac arc-weldio dau ddarn o ddur (de).*

Mae arc-weldio yn gweithio yn ôl yr un broses â weldio MIG, gan fod y ddwy'n defnyddio trydan i greu arc drydanol bwerus rhwng rhoden dreuliadwy (yr electrod) a darn gwaith sy'n ddigon poeth i doddi dur. Yn hytrach na defnyddio gwifren, mae arc-weldio yn defnyddio rhoden dreuliadwy, sy'n cael ei dal gan ddaliwr rhoden. Dur meddal yw darn canol y rhoden ac mae hi wedi'i gorchuddio â fflwcs. Wrth i chi symud y rhoden ar draws y darn gwaith, mae'r rhoden yn cael ei threulio ac yn mynd yn llai. Caiff arc-weldio ei ddefnyddio fel arfer ar brojectau canolig i fawr yn achos defnyddiau mwy trwchus.

Weldio nwy ocsi-asetylen

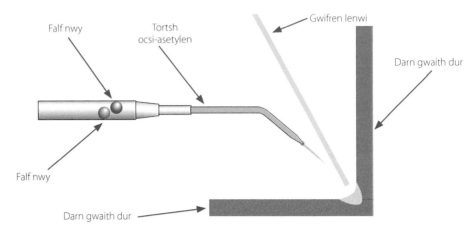

↑ *Uno dau ddarn o ddur yn barhaol gan ddefnyddio'r broses weldio nwy ocsi-asetylen.*

Caiff weldio nwy ocsi-asetylen ei ddefnyddio'n bennaf i ffabrigo (siapio/uno) dur. Mae'n defnyddio cymysgedd o nwyon ocsigen ac asetylen i gynhyrchu fflam boeth iawn (tua 3,500° Celsius) i doddi metelau. Mae'r fflam mor boeth nes bod y dur yn troi'n byllau tawdd o fetel. Mae'r dur poeth o'r wifren lenwi a'r darn gwaith yn cymysgu â'i gilydd ac yna'n uno i ffurfio un darn. Caiff gwifren lenwi ei defnyddio hefyd i 'lenwi', sydd hefyd yn cael ei throi'n fetel tawdd.

Rhybedu pop

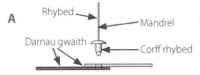

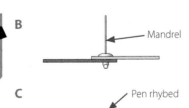

A   Mesur diamedr y CORFF RHYBED, drilio twll y maint cywir yn y darnau gwaith mae angen eu huno a rhoi RHYBED ynddo.

B   Rhoi GWN RHYBED dros y mandrel a gwasgu'r handlen cynifer o weithiau ag sydd eu hangen i dynnu'r MANDREL allan o'r CORFF RHYBED.

C   Nawr, dylai'r darnau gwaith fod wedi'u clampio'n dynn rhwng y PEN RHYBED a phen anffurfiedig y CORFF RHYBED, a gellir cael gwared ar y MANDREL.

Term allweddol

Mandrel: rhoden silindrog i ofannu neu siapio defnydd o'i chwmpas.

Siapio defnyddiau

Mae'r gyfres ganlynol o brosesau'n ymwneud â 'siapio' defnyddiau i roi ffurfiau defnyddiol.

Wrth siapio metelau, mae'n werth nodi bod angen gorffennu'r cynnyrch terfynol o hyd ar ôl pob proses 'ffurfio'.

Gofannu

Term allweddol

Hydrin: hyblyg, hawdd ei siapio heb ei dorri na'i gracio.

Mae gofannu yn broses o uno a/neu siapio metelau drwy ddefnyddio grym i fondio darnau gwaith at ei gilydd a newid y ffurf i'r siâp dewisol. Y ddelwedd fwyaf cyffredin sydd gan bobl o ofannu yw gof yn defnyddio morthwyl ac eingion i siapio metel wedi'i wresogi. Pan gaiff metel ei wresogi, mae'n mynd yn fwy hydrin ac yn haws ei siapio. Os yw'r metel yn ddigon poeth, gellir ei fondio hefyd drwy ddefnyddio grym (mae metel tawdd yn cronni i greu weld yn y broses weldio).

1. Rhoi grym ar ddau ddarn gwaith wedi'u gwresogi.

2. Mae'r darnau gwaith wedi'u gwresogi yn bondio.

3. Ar ôl gofannu, mae un darn gwaith wedi'i oeri.

↑ *Proses gofannu.*

I wresogi'r metelau rydych chi'n bwriadu gweithio arnynt, byddai angen **gefail**. Gall gefeiliau ddefnyddio glo (math mwy traddodiadol) neu nwy (mwy modern) fel tanwydd. Mae gefeiliau nwy'n caniatáu i'r defnyddiwr reoli'r tymheredd yn fwy manwl ac felly'n caniatáu i'r metelau gael eu gofannu ar y tymereddau cywir yn fwy cyson.

↑ *Gof yn gofannu cynnyrch, gan ddefnyddio grym a gwres.*   ↑ *Hen efail lo.*

Mae gollwng-ofannu yn broses ddiwydiannol lle mae'r grym sydd ei angen i ofannu dau ddarn gwaith at ei gilydd yn cael ei roi gan beiriant o'r enw **gefail ollwng**. Mae'r efail ollwng hefyd yn cynnwys dei (uchaf ac isaf) yn siâp y cynnyrch rydych chi'n mynd i'w ofannu. Mowld yw'r dei, yn y bôn. Yna caiff darn o fetel wedi'i wresogi, o'r enw bilet, ei osod yn y dei a chaiff y dei uchaf ei ostwng â grym ar y bilet a'r dei isaf i greu'r siâp sydd ei angen.

Term allweddol

Bilet: (bilet metel) darn o fetel o faint penodol sy'n cael ei siapio gan y broses ofannu.

↑ *Proses gollwng-ofannu.*

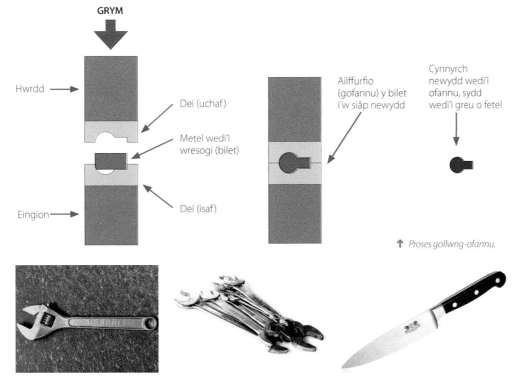

↑ *Enghreifftiau o gynhyrchion wedi'u gollwng-ofannu.*

Castio

Mae castio yn broses lle caiff metelau eu gwresogi nes eu bod nhw'n dawdd ac yna eu harllwys i mewn i fowld. Yna caiff y metel ei adael i oeri a'r canlyniad yw creu gwrthrych metelig yn y siâp dewisol. Mae'n rhaid GORFFENNU y rhan fwyaf o wrthrychau metel wedi'u castio cyn y bydd y gwrthrych terfynol yn gyflawn. Gallai gorffennu gynnwys torri'r sbriw a'r rhedwyr, ffeilio, melino, llifanu, drilio a/neu lathru.

Castio mowld tywod

Mae castio mowld tywod yn hen broses sy'n dal i fod yn gyffredin heddiw. Mae'r broses yn cynnwys cymryd siâp parhaol sy'n bodoli (patrwm) ac yna pacio TYWOD o gwmpas y siâp hwnnw i greu mowld tafladwy dros dro. Mae'r mowld yna'n cael ei dynnu i greu ceudod i arllwys y metel tawdd i mewn iddo. Ar ôl iddo oeri, gallwn ni dorri'r mowld tywod i ddatgelu'r gwrthrychau metel solet ar siâp y patrwm parhaol. Yna gallwn ni ddefnyddio'r tywod eto ar gyfer mowld arall.

Mae'r canllaw cam wrth gam canlynol yn dangos prif gamau castio mowld tywod a sut mae'n gweithio.

⬆ *Creu blociau peiriannau mewn ceir gan ddefnyddio castio mowld tywod*

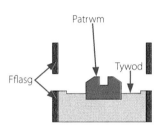

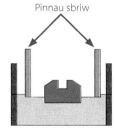

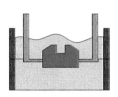

1. Rhoi tywod a phatrwm parhaol yn hanner isaf fflasg (daliwr mowld tywod).

2. Gosod pinnau sbriw i greu'r CODWR a rhoi hanner uchaf y fflasg yn ei le.

3. Llenwi gweddill y fflasg i greu'r mowld.

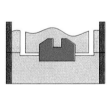

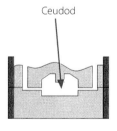

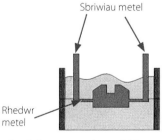

4. Tynnu'r pinnau sbriw.

5. Tynnu'r patrwm i greu'r siâp ceudod sydd ei angen.

6. Arllwys metel tawdd i mewn i greu'r cynnyrch sydd ei angen.

7. Torri'r sbriwiau a'r rhedwyr a gorffennu i greu'r cynnyrch gorffenedig.

Mowldio (plastigion)

Yn ogystal â metelau, mae Peirianwyr hefyd yn defnyddio plastigion i gynhyrchu cynhyrchion. Mae gan blastigion lawer o briodweddau a nodweddion buddiol, sy'n ei wneud yn ddefnydd poblogaidd iawn i weithio ag ef, er eu bod nhw wedi'u cynhyrchu o olew, sy'n adnodd anadnewyddadwy. Fodd bynnag, mae bioplastigion yn cael eu cynhyrchu o olewau llysiau, startsh corn a hyd yn oed gwastraff bwyd wedi'i ailgylchu. Mae plastigion hefyd yn '**hunan-orffennu**'. Drwy roi gwahanol weadau ar arwyneb mewnol mowldiau sy'n siapio plastigion, gallwch chi greu unrhyw orffeniad hoffech chi, e.e. sglein, mat neu weadog. Dyma rai enghreifftiau o brosesau mowldio plastigion.

Mowldio chwistrellu

Mae mowldio chwistrellu yn broses fowldio gyffredin sy'n gorfodi (chwistrellu) plastig hylifol i lawr sgriw ac i mewn i fowld. Mae'r broses hon yn fanwl gywir ac yn dda ar gyfer cynhyrchu ar raddfa fawr, does dim llawer o wastraff ond mae'n ddrud i'w chydosod. Mae enghreifftiau o gynhyrchion sydd wedi'u gwneud fel hyn yn cynnwys casys cyfrifiaduron a darnau o gerbydau.

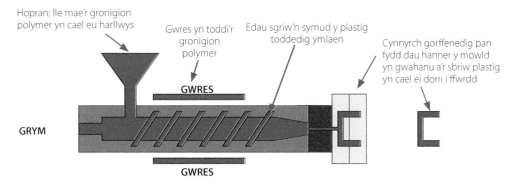

Hopran: lle mae'r gronigion polymer yn cael eu harllwys

Gwres yn toddi'r gronigion polymer

Edau sgriw'n symud y plastig toddedig ymlaen

Cynnyrch gorffenedig pan fydd dau hanner y mowld yn gwahanu a'r sbriw plastig yn cael ei dorri i ffwrdd

GWRES

GRYM

GWRES

Mae angen ychydig bach o waith gorffennu o hyd ar gynhyrchion sydd wedi'u mowldio chwistrellu ar ôl iddyn nhw ddod allan o'r mowld, fel trimio'r sbriw a thrimio unrhyw 'ddiferion' plastig o'r lle mae dau hanner y mowld yn cyfarfod.

↑ Enghreifftiau o gynhyrchion mae'n bosibl eu gwneud gan ddefnyddio mowldio chwistrellu – proses fowldio arbennig o fanwl gywir.

↑ Pelenni resin thermoplastig sy'n cael eu defnyddio ar gyfer mowldio chwistrellu.

Chwythfowldio

Mae chwythfowldio'n broses fowldio gyffredin sy'n ffurfio plastig poeth, hydrin ar du allan mowld. Dydy'r broses ddim yn fanwl gywir ond mae'n rhad ac yn gyflym. Mae enghreifftiau o gynhyrchion sydd wedi'u gwneud fel hyn yn cynnwys poteli diod a defnydd pecynnu cosmetigau.

Mae'r gyfres ganlynol o bedwar cam yn dangos sut rydyn ni'n creu cynnyrch plastig drwy ddefnyddio'r broses chwythfowldio.

Enw'r darn cyn ei fowldio chwistrellu yw Parison

AER AER

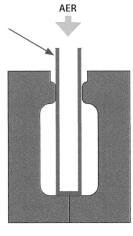
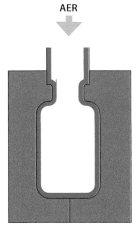
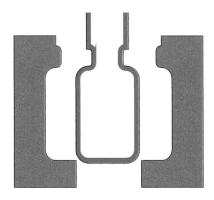

1. Mowld.

2. Clampio'r darn plastig (Parison) yn y mowld cyn ei fowldio chwistrellu.

3. Chwythu aer i mewn i'r Parison fel ei fod yn ffurfio ar hyd tu allan y mowld.

4. Y mowld yn gwahanu gan adael y cynnyrch gorffenedig.

↑ *Enghreifftiau o gynhyrchion gallwn ni eu gwneud gan ddefnyddio chwythfowldio.*

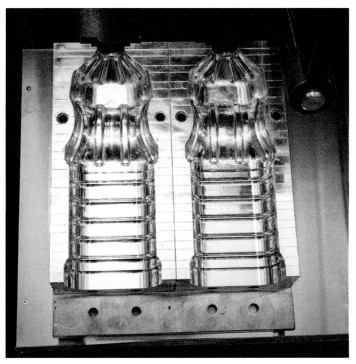

↑ *Mowldiau poteli plastig newydd.*

Mowldio cylchdro

Mae mowldio cylchdro'n broses fowldio gyffredin sy'n defnyddio gwres a disgyrchiant i adael i blastig ffurfio ar hyd tu allan mowld. Dydy'r broses ddim yn fanwl gywir ond mae'n rhad ac yn dda i wneud gwrthrychau mwy. Mae enghreifftiau o gynhyrchion sydd wedi'u gwneud fel hyn yn cynnwys biniau grut, biniau olwynion, bolardiau a dodrefn stryd.

Mae'r gyfres ganlynol o bedwar cam yn dangos sut rydyn ni'n creu cynnyrch plastig gwag drwy ddefnyddio'r broses mowldio cylchdro.

 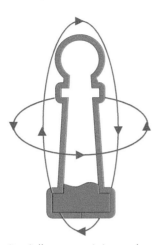  

1. Mowld.

2. Arllwys gronigion polymer i mewn, rhoi gwres a chylchdroi'r mowld.

3. Plastig toddedig yn ffurfio ar hyd tu allan y mowld.

4. Y mowld yn gwahanu gan adael y cynnyrch gorffenedig.

↑ *Enghreifftiau o gynhyrchion gallwn ni eu gwneud gan ddefnyddio mowldio cylchdro.*

← *Dadlwytho tanc plastig sydd wedi'i fowldio mewn peiriant mowldio cylchdro.*

Ffurfio â gwactod

Mae ffurfio â gwactod yn broses fowldio sy'n defnyddio gwactod i ffurfio llen blastig dros fowld sydd wedi'i ffurfio ymlaen llaw. Dydy'r broses hon ddim yn fanwl gywir ond mae'n rhad, ac mae'n cael ei defnyddio ar gyfer cynhyrchu ar raddfa fach. Mae enghreifftiau o gynhyrchion sy'n cael eu gwneud fel hyn yn cynnwys y defnydd mewn pecynnau siocledi, helmau beic a hambyrddau cyllyll a ffyrc.

Mae'r gyfres ganlynol o bedwar cam yn dangos sut gallwn ni greu cynnyrch plastig drwy ddefnyddio'r broses ffurfio â gwactod a llenni plastig.

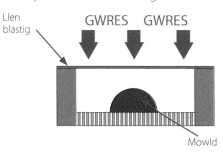

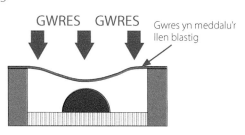

1. Rhoi'r mowld ar y blaten sy'n cael ei gostwng. Mae llen blastig denau (e.e. polyester dwysedd uchel) yn mynd ar y ffrâm uwchben y mowld. Yna mae'r llen blastig yn cael ei gwresogi.

2. Parhau i wresogi'r plastig nes iddo fynd yn hydrin.

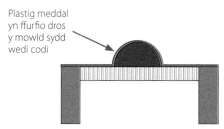

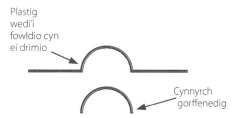

3. Yna, codi'r blaten i mewn i'r plastig ac mae pwmp gwactod yn sugno'r aer i gyd allan, gan sicrhau bod y plastig yn ffurfio o gwmpas y mowld.

4. Tynnu'r mowld oddi wrth y plastig a thrimio unrhyw blastig sydd dros ben, gan adael y cynnyrch gorffenedig.

Term allweddol

Platen: y darn o beiriant ffurfio â gwactod sy'n gweithredu fel silff â thyllau ac sy'n gallu cael ei godi neu ei ostwng.

↑ *Enghreifftiau o gynhyrchion gallwn ni eu gwneud gan ddefnyddio ffurfio â gwactod.*

Tasg 12.1

Cysylltwch y cynnyrch â'r broses.

Cynnyrch	Proses
1. 	
	A. Gollwng-ofannu
2. 	
	B. Chwythfowldio
3. 	
	C. Mowldio cylchdro
4. 	
	D. Ffurfio â gwactod
5. 	
	E. Castio mowld tywod
6. 	
	F. Mowldio chwistrellu

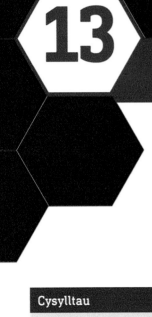

13

Cyflwyno Uned 2

Rhagymadrodd

Erbyn i chi gyrraedd y rhan hon o'r llyfr, dylai fod gennych chi'r holl wybodaeth sydd ei hangen i gwblhau a chyflwyno Uned 2 yn llwyddiannus.

Wrth weithio drwy Benodau 9 i 12 byddwch chi wedi ennill llawer o wybodaeth dechnegol a'r sgiliau sydd eu hangen i greu portffolio o wybodaeth berthnasol a phrototeip gweithio, gan ddangos eich gwybodaeth am offer, cyfarpar a phrosesau.

Felly, beth mae angen i chi ei gynnwys yn Uned 2?

Yn yr adran **strwythur y cwrs** yn y llyfr hwn, fe welwch chi restr o awgrymiadau ar gyfer cynnwys Uned 2. Edrychwch ar yr adran hon eto i weld beth bydd angen i chi ei gynhyrchu. Mae yna ganllaw portffolio defnyddiol hefyd i'ch helpu chi i gynllunio'r holl wybodaeth berthnasol gallai fod ei hangen arnoch chi i gwblhau Uned 2 yn llwyddiannus.

Fel arall, edrychwch ar y tabl ar dudalen 131 i weld beth mae angen ei ddangos, sut gallech chi ei ddangos a ble i gael y wybodaeth sydd ei hangen i ddangos eich gwybodaeth:
- Mae'r **golofn gyntaf** yn dangos rhestr o Feini Prawf Asesu o'r fanyleb y bydd rhaid i chi eu dangos ar gyfer Uned 2.
- Mae'r **ail golofn** yn cynnig awgrymiadau ar gyfer SUT gallwch chi ddangos eich gwybodaeth (bydd pob ysgol neu goleg yn dehongli'r fanyleb yn ei ffordd ei hun a gallai fod gwahanol ffyrdd dilys o ddangos eich gwybodaeth).
- Mae'r **drydedd golofn** yn dangos pa benodau sy'n rhoi sylw i'r meysydd perthnasol.
- Gallwch chi ddefnyddio'r **bedwaredd golofn** fel rhestr wirio i weld a ydych chi'n hapus â'ch gwybodaeth neu a oes angen edrych eto ar y penodau i gynyddu eich gwybodaeth ymhellach.

Cysylltau

Mae gwybodaeth am strwythur y cwrs ar dudalennau 5–6.

Mae Enghreifftiau ar gyfer Portffolios ar dudalennau 164–183.

Beth dylwn i ei gyflwyno?

Gallwch chi gyflwyno Uned 2 ar unrhyw fformat sy'n hawdd i'ch ysgol neu goleg weithio ag ef, gan ddibynnu ar yr adnoddau sydd gennych chi.

Gallwch chi ei gyflwyno:
- ar bapur fel portffolio chwech i saith tudalen, A3 neu A4 (pa un fyddai orau i ddangos lluniadau a thafluniadau orthograffig?)
- yn ddigidol
- ar unrhyw fformat arall mae CBAC yn ei dderbyn.

Gwnewch yn siŵr hefyd fod tudalen flaen eich cyflwyniad yn dangos y canlynol yn glir:
- rhif yr uned (2)
- rhif ac enw'r ganolfan
- rhif yr ymgeisydd.

Yn olaf, peidiwch ag anghofio cadw llygad ar y **bandiau perfformiad**. Edrychwch ar eich gwaith a gofynnwch i chi eich hun a ydych chi'n cyflawni'r band perfformiad rydych chi'n meddwl bod eich gwaith yn ei haeddu. Cofiwch, gallwch chi ychwanegu at eich gwaith unrhyw bryd ar yr amod nad ydych chi'n mynd dros y 12 awr o amser a ganiateir.

Mae'r tabl canlynol yn dangos i chi ble yn y llyfr hwn i ganfod y testun perthnasol ar gyfer y sgiliau sydd eu hangen i ddangos gwybodaeth am y Meini Prawf Asesu.

RHESTR WIRIO

Meini Prawf Asesu	Ffyrdd posibl o'u dangos	Yn cael sylw ym mhenodau:	Hapus â'ch gwybodaeth	Edrych eto ar y penodau
MPA1.1 Dehongli lluniadau peirianyddol	• Llunio taflenni tasgau o luniadau orthograffig • Llunio rhestr dorri o luniadau orthograffig	**1** Lluniadau Peirianyddol **9** Rheoli a Gwerthuso Cynhyrchu		
MPA1.2 Dehongli gwybodaeth beirianyddol	• Llunio taflenni tasgau o luniadau orthograffig • Llunio rhestr dorri o luniadau orthograffig	**1** Lluniadau Peirianyddol **8** Rheoli a Gwerthuso Cynhyrchu		
MPA2.1 Nodi'r adnoddau sydd eu hangen	• Llunio taflenni tasgau o luniadau orthograffig • Llunio rhestr dorri o luniadau orthograffig • Nodi'r peiriannau a'r offer sydd eu hangen	**1** Lluniadau Peirianyddol **3** Defnyddiau a'u Priodweddau **9** Rheoli a Gwerthuso Cynhyrchu **11** Offer a Chyfarpar Peirianyddol **12** Prosesau Peirianyddol		
MPA2.2 Rhoi'r gweithgareddau gofynnol mewn trefn	• Llunio siart Gantt • Llunio dilyniant o dasgau • Llunio cofnod arsylwadau dysgwr • Llunio dyddiadur gwneud	**3** Defnyddiau a'u Priodweddau **9** Rheoli a Gwerthuso Cynhyrchu **11** Offer a Chyfarpar Peirianyddol **12** Prosesau Peirianyddol		
MPA3.1 Defnyddio offer i gynhyrchu cynhyrchion peirianyddol	• Gweithio'n ddiogel • Defnyddio offer a chyfarpar yn gywir • Cynhyrchu a chydosod darnau o fewn eu goddefiant • Gweithio gyda lluniadau orthograffig • Cynhyrchu prototeip o safon (Tiwtor yn arsylwi)	**3** Defnyddiau a'u Priodweddau **11** Offer a Chyfarpar Peirianyddol **12** Prosesau Peirianyddol		
MPA3.2 Defnyddio cyfarpar i gynhyrchu cynhyrchion peirianyddol	• Gweithio'n ddiogel • Defnyddio offer a chyfarpar yn gywir • Cynhyrchu a chydosod darnau o fewn eu goddefiant • Gweithio gyda lluniadau orthograffig • Cynhyrchu prototeip o safon (Tiwtor yn arsylwi)	**3** Defnyddiau a'u Priodweddau **11** Offer a Chyfarpar Peirianyddol **12** Prosesau Peirianyddol		
MPA4.1 Defnyddio prosesau peirianyddol i gynhyrchu cynhyrchion peirianyddol	• Gweithio'n ddiogel • Defnyddio offer a chyfarpar yn gywir • Cynhyrchu a chydosod darnau o fewn eu goddefiant • Gweithio gyda lluniadau orthograffig • Cynhyrchu prototeip o safon (Tiwtor yn arsylwi)	**3** Defnyddiau a'u Priodweddau **9** Rheoli a Gwerthuso Cynhyrchu **11** Offer a Chyfarpar Peirianyddol **12** Prosesau Peirianyddol		
MPA4.2 Gwerthuso ansawdd cynhyrchion peirianyddol	• Llunio gwerthusiad (hefyd yn gyson) gyda thystiolaeth o resymu	**7** Gwerthuso Syniadau Dylunio		

Effeithiau Cyflawniadau Peirianyddol

Yn y bennod hon, rydych chi'n mynd i wneud y canlynol:
→ Deall rhai o'r llwybrau gwahanol mewn peirianneg
→ Adnabod cyflawniadau Peirianwyr
→ Deall effeithiau cadarnhaol peirianneg ar fywyd pob dydd ac ar gymdeithas.

Bydd y bennod hon yn ymdrin â'r meysydd canlynol ym manyleb CBAC:

Uned 3 DD1 Deall effeithiau cyflawniadau peirianyddol	
MPA1.1 Disgrifio datblygiadau peirianyddol	Datblygiadau: peirianneg (adeileddol, mecanyddol, electronig); y peirianwyr sydd wedi gwneud hyn (o'r Deyrnas Unedig neu ryngwladol); allbynnau allweddol; cymwysiadau; technolegau; defnyddiau
MPA1.2 Esbonio effeithiau cyflawniadau peirianyddol	Effeithiau: yn y cartref; mewn diwydiant; mewn cymdeithas

↑ *Peirianwyr yn dylunio peiriant jet.*

Rhagymadrodd

Yn y bennod hon, byddwch chi'n edrych ar nifer o gyflawniadau ym maes peirianneg a sut mae'r llwyddiannau hyn wedi cael effaith enfawr ar ddynoliaeth a'r byd. Mae'n eithaf hawdd wfftio peirianneg fel gyrfa neu swydd lle mae'n rhaid i chi wisgo oferôl, trwsio rhywbeth, a chael olew dros eich dwylo i gyd. Mae'r stereoteip hwn o beirianneg yn hollol anghywir, oherwydd Peirianwyr yw'r bobl sydd, drwy gydol hanes, wedi newid y byd drwy arloesi. Er enghraifft, nid Peiriannydd sy'n trwsio injan; Peiriannydd sy'n dylunio ac yn creu'r injan. 'Technegwyr' sy'n tueddu i wneud swyddi cynnal a chadw, atgyweirio, gwasanaethu neu osod, ac mae 'Peirianwyr' yn dilyn gyrfaoedd sy'n dylunio, creu ac arloesi.

Fodd bynnag, mae angen i Beirianwyr fod â'r galluoedd a'r wybodaeth hanfodol i greu cyfarpar, peiriannau ac adeileddau newydd, fel deall defnyddiau a'u priodweddau, deall a defnyddio peiriannau, offer a phrosesau, defnyddio technolegau newydd fel CADCAM, ac argraffu 3D, modelu a phrototeipio, yn ogystal â bod â'r sgiliau sylfaenol i adeiladu eu creadigaethau newydd o'r cychwyn cyntaf. Mae Peirianwyr modern yn unigolion eithriadol o fedrus ac yn rhai o'r datryswyr problemau gorau yn y byd heddiw.

Nesaf, rydyn ni'n mynd i edrych ar dri math o beirianneg sydd wedi cael effaith sylweddol ar y byd drwy gydol hanes:
• Peirianneg adeileddol
• Peirianneg fecanyddol
• Peirianneg electronig.

↑ *Technegwyr yn archwilio peiriant jet.*

Peirianneg adeileddol

Mae Peirianwyr Adeileddol yn cymhwyso eu gwybodaeth a'u sgiliau i greu adeileddau gweithredol fel pontydd ac adeiladau, ac yn gweithio fel rhan o dîm ar wahanol brojectau dinesig fel Twnnel y Sianel, argaeau mawr a datblygu cronfeydd dŵr. Mae Peirianwyr Adeileddol yn gallu gweithio mewn partneriaeth â gweithwyr proffesiynol eraill fel Penseiri i greu adeileddau mawr. Er y byddai Pensaer yn creu 'golwg' gyffredinol yr adeiledd, Peiriannydd Adeileddol fyddai'n dewis y defnyddiau i'w wneud a hefyd yn newid, addasu a datblygu'r dyluniadau i sicrhau bod adeiledd yn gweithio'n iawn gan fodloni gofynion y cleient yn ogystal â chydymffurfio â'r holl safonau diogelwch.

Dyma rai enghreifftiau o adeileddau nodweddiadol y bydd Peirianwyr Adeileddol yn gweithio arnynt.

Pontydd

Mae **pont** yn adeiledd peirianyddol sy'n croesi rhwystr fel ceunant, llwybr neu afon heb rwystro'r hyn sydd o dan y bont. Mae llawer o fathau gwahanol o bontydd yn bodoli i gyflawni swyddogaethau gwahanol fel cludo traffig (cerddwyr, ceir, trenau), cludo dŵr (traphontydd dŵr, camlesi) neu hyd yn oed caniatáu symudedd (e.e. pontydd symudol i'r lluoedd arfog). Mae Peirianwyr wedi bod yn dylunio pontydd ers miloedd o flynyddoedd i'n galluogi ni i fyw'n fwy effeithlon yn ein tirwedd.

Roedd y Rhufeiniaid yn rhai o'r adeiladwyr pontydd mwyaf medrus erioed. Fe wnaeth y Rhufeiniaid ddarganfod cryfder bwâu a defnyddio'r siapiau hyn i greu rhai o'r pontydd a'r traphontydd dŵr hynafol mwyaf eiconig yn y byd. Mae llawer o'u hadeileddau peirianyddol yn dal i oroesi hyd heddiw.

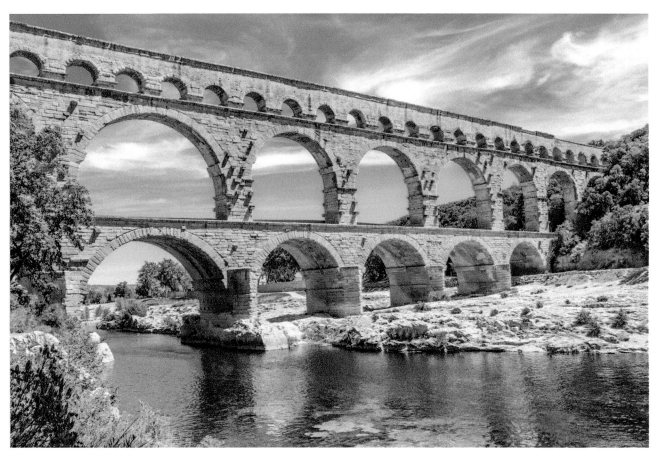

↑ *Mae Pont du Gard, yn Ne Ffrainc, yn enghraifft o draphont ddŵr Rufeinig gafodd ei hadeiladu'n dda ac sy'n sefyll o hyd.*

Mae'r diagram isod yn esbonio beth yw'r grymoedd mae'n rhaid i Beirianwyr Adeileddol weithio â nhw wrth ddylunio pontydd, sef cywasgedd a thyniant.

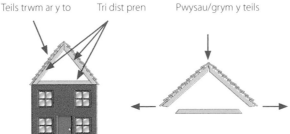

Teils trwm ar y to   Tri dist pren   Pwysau/grym y teils

Mae'r dist hwn yn atal y grym cywasgol rhag gwthio'r ddau ddist arall oddi wrth ei gilydd

Dyma lun rhandoredig o'r to ar dŷ. Sylwch fod gan y to dri dist pren mewn siâp triongl.

Mae pwysau'r teils yn rhoi'r to dan **gywasgedd** ac yn ceisio gorfodi'r distiau oddi wrth ei gilydd a gwneud i'r to gwympo.

Mae'r trydydd dist yn atal y ddau ddist sydd dan gywasgedd rhag cael eu gorfodi oddi wrth ei gilydd. Mae'r trydydd nawr yn cael ei dynnu ar wahân ac mae dan **dyniant**.

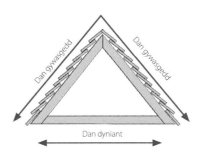

Dan gywasgedd   Dan gywasgedd

Dan dyniant

Yma, gallwch chi weld sut gallwch chi greu to ar gyfer tŷ, gan ddefnyddio peirianneg syml, sy'n gallu cynnal llawer o deils trwm.

Traphont Millau

Mae Traphont Millau yn un o'r llwyddiannau peirianyddol mwyaf yn yr oes fodern. Mae'n bont wedi'i chynnal gan geblau sy'n 343 metr o uchder; ar adeg ysgrifennu'r llyfr hwn, hon oedd y bont uchaf yn y byd. Mae'n croesi dyffryn Afon Tarn ger Millau yn Ne Ffrainc. Hefyd cafodd hi ei dylunio gan dîm o Beirianwyr Adeileddol o dan arweiniad y pensaer o Brydain, Syr Norman Foster.

⬆ *Syr Norman Foster.*

⬆ *Traphont Millau, De Ffrainc.*

Dyma enghraifft o sut mae pontydd wedi'u cynnal gan geblau yn gweithio. Mae'r peilon canol yn cynnal pwysau'r trawst drwy gyfres o geblau'n sownd wrtho. Fel arfer, bydd y peilon wedi'i wneud o goncrit cyfnerth, oherwydd mae'r defnydd hwn yn perfformio'n dda iawn o dan rymoedd cywasgol. Mae'r ceblau wedi'u gwneud o ryw fath o ddur, gan fod dur yn perfformio'n dda iawn o dan dyniant. Yn aml bydd pontydd wedi'u cynnal gan geblau yn cynnwys mwy nag un peilon i gynnal pontydd hirach.

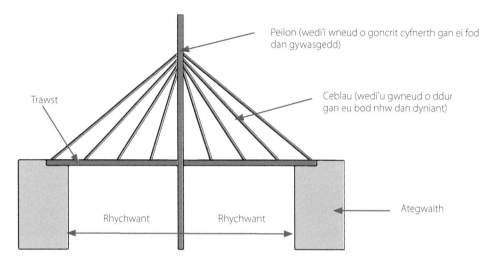

Nendyrau

Adeiladau uchel iawn â llawer o loriau yw **nendyrau**, ac maen nhw'n cael yr enw oherwydd bod y 'tyrau' yn edrych fel eu bod nhw'n cyrraedd y 'nen'. Yn gyffredinol, maen nhw wedi'u hadeiladu (ffabrigo) â ffrâm ddur sy'n cynnal yr holl loriau a waliau. Mae'r fframwaith dur yn cynnal llwyth gweddill yr adeilad a'r holl bobl, dodrefn a chyfarpar y tu mewn. Mae nendyrau wedi'u dylunio a'u hadeiladu i wrthsefyll gwyntoedd cryf iawn, mellt a hyd yn oed daeargrynfeydd.

⬆ *Nenlinell Llundain, yn dangos rhai o nendyrau uchaf y Deyrnas Unedig.*

Os nad oes mwy o le i adeiladu tuag allan mewn ardal â phoblogaeth ddwys (dinas), mae'n rhaid i chi adeiladu tuag i fyny. Wrth i dechnoleg, peirianneg a thechnegau adeiladu wella, mae nifer y lloriau ym mhob nendwr yn cynyddu (ar adeg ysgrifennu'r llyfr hwn y record oedd 160 llawr y nendwr Burj Khalifa yn Dubai, er y bydd Tŵr Jeddah yn Saudi Arabia yn mynd yn uwch yn 2020), gan roi mwy o le i bobl weithio a byw, ond ag ôl troed bach iawn.

Sut caiff nendyrau eu hadeiladu

Mae peirianwyr yn defnyddio eu gwybodaeth a'u dealltwriaeth am ddefnyddiau, priodweddau defnyddiau a grymoedd i adeiladu adeiladau uchel iawn, diogel iawn fel The Shard (nendwr uchaf y Deyrnas Unedig), sy'n 306 metr o uchder.

Dyma ddiagram yn dangos ffordd o adeiladu nendwr.

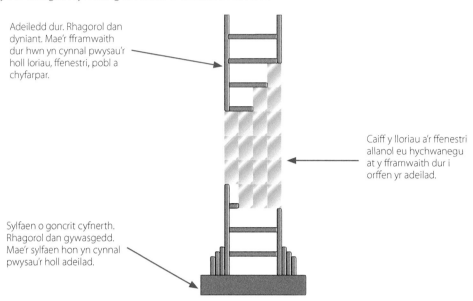

Adeiledd dur. Rhagorol dan dyniant. Mae'r fframwaith dur hwn yn cynnal pwysau'r holl loriau, ffenestri, pobl a chyfarpar.

Caiff y lloriau a'r ffenestri allanol eu hychwanegu at y fframwaith dur i orffen yr adeilad.

Sylfaen o goncrit cyfnerth. Rhagorol dan gywasgedd. Mae'r sylfaen hon yn cynnal pwysau'r holl adeilad.

The Shard

The Shard (ar y chwith) yw un o'r nendyrau mwyaf newydd yn y Deyrnas Unedig. Mae wedi'i leoli yn Southwark, Llundain ac mae'n 306 metr o uchder, sy'n ei wneud yn un o'r adeiladau uchaf yn y Deyrnas Unedig. Mae ganddo 72 o loriau y gallai pobl eu defnyddio, a chafodd ei ddylunio gan bensaer enwog o'r Eidal o'r enw Renzo Piano a'i adeiladu gan dîm o beirianwyr adeileddol o Williams Sale Partnership (WSP). Mae'r Shard yn nendwr cymharol fodern oedd yn defnyddio technegau peirianyddol arloesol wedi'u datblygu gan y tîm peirianneg adeileddol yn WSP, fel adeiladu o'r top i lawr a defnyddio concrit yng nghanol yr adeilad yn ogystal â dur. Mae'r Shard yn cynnwys mannau swyddfa, tai bwyta, gwesty a hyd yn oed fflatiau.

Term allweddol

Adeiladu o'r top i lawr: wrth adeiladu adeilad sydd ag isloriau, gallwch chi gwblhau adeiledd y lloriau uchaf cyn gwacáu ac adeiladu'r lloriau isaf.

Tasg 14.1

Atebwch y canlynol:
1. Pa ddefnyddiau modern gallech chi eu defnyddio i adeiladu pontydd?
2. Esboniwch pa briodweddau sydd eu hangen mewn defnydd os ydych chi'n mynd i adeiladu pont, a pham byddai angen y rhain.
3. Enwch bont fodern enwog.
4. Pwy ddyluniodd y bont honno?
5. Beth yw'r nendwr uchaf yn y Deyrnas Unedig?
6. Pwy oedd y Peirianwyr Adeileddol oedd yn gyfrifol am ei adeiladu?
7. Pa ddefnyddiau allai gael eu defnyddio i adeiladu nendwr a pham?

Peirianneg fecanyddol

Mae Peirianwyr Mecanyddol yn defnyddio eu gwybodaeth am ddefnyddiau, priodweddau defnyddiau, mathemateg a ffiseg i ddylunio a chynnal systemau mecanyddol. System sy'n defnyddio pŵer (o ffynhonnell) i gyflawni tasg benodol yw system fecanyddol.

Er enghraifft, mae olwyn ddŵr yn system fecanyddol gynnar (gweler y diagram isod). Mae melin flawd, er enghraifft, yn defnyddio grym dŵr sy'n rhedeg o afon fel ffynhonnell bŵer i droi olwyn ddŵr fawr. Mae'r olwyn ddŵr yna'n troi siafft sydd yn ei thro wedi'i chysylltu â gêr, sydd wedi'i gysylltu â phâr o feini melin. Yna mae'r meini melin yn malu grawn i wneud blawd i'w ddefnyddio i bobi bara, er enghraifft.

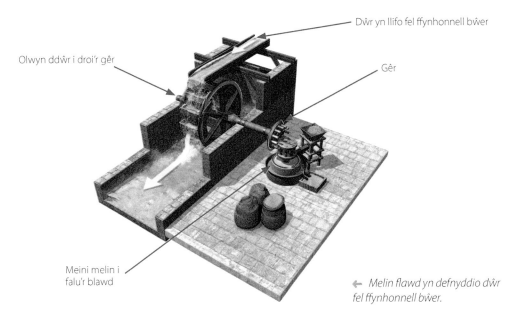

Dŵr yn llifo fel ffynhonnell bŵer

Olwyn ddŵr i droi'r gêr

Gêr

Meini melin i falu'r blawd

← *Melin flawd yn defnyddio dŵr fel ffynhonnell bŵer.*

Mae yna lawer o fathau o systemau mecanyddol sy'n gwneud gwahanol fathau o beiriannau sydd wedi arwain at welliant enfawr ym mywydau'r bobl a'r diwydiannau sy'n eu defnyddio nhw. O felinau dŵr syml i injans stêm, i'r mecanweithiau diweddaraf jet-yriant ac adennill egni cinetig, mae Peirianwyr Mecanyddol bob amser yn ceisio arloesi systemau mecanyddol newydd i wella cymdeithas.

Y car modur

Tua 200 mlynedd yn ôl, dim ond pellteroedd byr byddai'r rhan fwyaf o bobl yn eu teithio drwy gydol eu bywydau. Gan eu bod nhw'n gorfod dibynnu ar geffylau a cheirt neu gerdded, doedd teithio pellteroedd hir ddim yn opsiwn ac roedd bywyd dyddiol y rhan fwyaf o bobl yn gyfyngedig i fyw a gweithio yn eu hardal leol. Fodd bynnag, ym myd peirianneg fecanyddol ddatblygedig heddiw, mae'n hawdd i bobl gyffredin deithio cyfartaledd o 12,000 milltir y flwyddyn, oherwydd mae'r rhan fwyaf o bobl yn berchen ac yn defnyddio ... ceir modur.

Y peiriant tanio mewnol

Y peiriant tanio mewnol yw'r uned bŵer sydd ei hangen i yrru'r rhan fwyaf o geir modern (heblaw ceir trydanol). Étienne Lenoir oedd y Peiriannydd o Ffrainc wnaeth ddyfeisio, yn 1858, y peiriant tanio mewnol masnachol llwyddiannus cyntaf. Cafodd y peiriant tanio mewnol 'modern' rydyn ni'n ei adnabod heddiw ei greu yn 1876 gan Nikolaus Otto. Mae peiriannau tanio modern yn fwy effeithlon na'r peiriannau tanio cyntaf i gael eu dyfeisio. Roedd y peiriannau tanio gwreiddiol yn arfer cymysgu'r tanwydd a'r aer gyda'i gilydd cyn cyrraedd y silindr, ac mae peiriannau tanio modern yn chwistrellu'r tanwydd yn uniongyrchol i mewn i'r silindr, sy'n gwneud y peiriant yn fwy effeithlon.

↑ *Modur Lenoir.*

Mae peiriannau tanio mewnol yn gweithio ar egwyddor defnyddio'r pŵer sydd wedi'i storio mewn tanwyddau ffosil i greu ffrwydradau bach. Yna, mae pŵer y ffrwydradau hynny'n gwthio darn mecanyddol sydd yn ei dro yn cylchdroi olwynion y car (gan ddefnyddio cyfres o gysyllteddau a gerau).

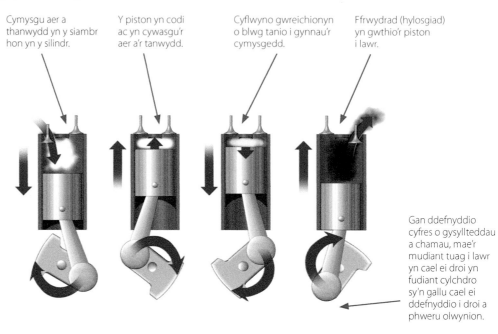

Cymysgu aer a thanwydd yn y siambr hon yn y silindr.

Y piston yn codi ac yn cywasgu'r aer a'r tanwydd.

Cyflwyno gwreichionyn o blwg tanio i gynnau'r cymysgedd.

Ffrwydrad (hylosgiad) yn gwthio'r piston i lawr.

Gan ddefnyddio cyfres o gysyllteddau a chamau, mae'r mudiant tuag i lawr yn cael ei droi yn fudiant cylchdro sy'n gallu cael ei ddefnyddio i droi a phweru olwynion.

→ *Diagram rhandoredig o beiriant tanio mewnol.*

Y Ford Model T

Y car 'fforddiadwy' cyntaf (i deuluoedd Americanaidd dosbarth gweithiol/dosbarth canol) oedd y Ford Model T, gafodd ei gynhyrchu o 1908 tan 1927. Roedd y Ford Motor Company wedi datblygu un o'r llinellau cydosod masgynhyrchu cyntaf, ac felly roedd prosesau ffabrigo a chydosod y cynnyrch yn effeithlon iawn a chostau cynhyrchu'n is.

Meddai Henry Ford (perchennog y Ford Motor Company) yn ei lyfr *My Life and Work* (1922):

> *Rwy'n mynd i adeiladu car modur i'r werin bobl. Bydd yn ddigon mawr i deulu, ond yn ddigon bach i unigolyn ei gynnal a gofalu amdano. Bydd wedi'i adeiladu o'r defnyddiau gorau, gan y dynion gorau y gellir eu cyflogi, yn ôl y dyluniadau symlaf y gall peirianneg fodern eu dyfeisio. Ond bydd y pris mor isel nes na fydd unrhyw ddyn sy'n ennill cyflog da'n methu bod yn berchen ar un ...*

Mae hefyd yn dweud yn yr un llyfr:

> *Gall unrhyw gwsmer gael car wedi'i beintio'n unrhyw liw a hoffai, cyn belled â'i fod yn ddu.*

↑ *Ceir Ford Model T.*

Awyrennau

Mae teithio yn yr awyr wedi newid y byd rydyn ni'n byw ynddo ac wedi cyflymu prosesau trosglwyddo gwybodaeth, pobl a nwyddau.

Yn 1903, cyflawnodd y Brodyr Wright yr hediad llwyddiannus cyntaf a byth ers hynny mae teithio yn yr awyr wedi bod yn gwella wrth i dechnoleg ddatblygu o ddatblygiad jet-yriant i hediadau drôn heb griw.

↑ *Concorde.*

Ar ddechrau'r 1900au, byddai'n cymryd bron deg diwrnod i gyrraedd Gogledd America o'r Deyrnas Unedig ar long dros Gefnfor Iwerydd. Tan yn gymharol ddiweddar, roedd modd gwneud yr un daith mewn pedair awr yn unig os gallech chi fforddio hedfan ar y jet teithwyr uwchsonig Concorde (mae wedi'i ddatgomisiynu erbyn hyn).

Y Spitfire

Cafodd y Spitfire ei greu fel awyren pellter byr fyddai'n gallu atal bomwyr yr Almaen a'u saethu nhw i lawr yn ogystal ag amddiffyn cyrchoedd bomio oedd yn ymadael. Roedd y dyluniad yn llwyddiannus iawn ac (ynghyd â'r awyrennau Hurricane) mae wedi cael y clod fel y prif reswm dros lwyddiant ym Mrwydr Prydain. Cafodd ei ddylunio gan dîm o Beirianwyr Mecanyddol o dan arweiniad R. J. Mitchell, Prif Ddylunydd y Supermarine Aviation Works. Un o'r rhesymau pam roedd mor llwyddiannus oedd dyluniad tenau iawn yr adenydd a oedd yn caniatáu cyflymder uchaf llawer uwch nag awyrennau ymladd y cyfnod. Bu amryw o dimau dylunio'n parhau i weithio ar amrywiadau o'r Spitfire hyd nes i jet-yriant gael ei gyflwyno ar ddiwedd yr 1930au.

↑ *Spitfire.*

Jet-yriant

Roedd pobl wedi bod yn chwarae o gwmpas â jet-yriant am gannoedd o flynyddoedd cyn i Frank Whittle, Peiriannydd gyda'r Awyrlu Brenhinol, gyflwyno cynlluniau i swyddogion uwch ac i'r Swyddfa Patentau yn 1930 ar gyfer peiriant jet-yriant fyddai'n gallu gweithio mewn awyrennau. Mae gwahanol fathau o beiriannau jet modern yn cael eu defnyddio mewn gwahanol awyrennau gan gynnwys llawer o newyddbethau peirianyddol. Y math symlaf o beiriant jet yw'r peiriant pwlsjet, sy'n gweithio fel hyn:

- Caiff aer ei sugno i mewn drwy'r **dderbynfa aer** lle mae yn y pen draw'n cyrraedd ardal y **chwistrell tanwydd** ac yn cymysgu â'r tanwydd.
- Yna caiff gwreichionyn ei ychwanegu at y cymysgedd gan ddefnyddio'r **plwg tanio** i greu ffrwydrad dan reolaeth (hylosgiad) a chaiff y nwyon sy'n cael eu cynhyrchu eu gwthio allan drwy'r **bibell wacáu**, sy'n creu gwthiad.
- Gwthiad yw'r grym sy'n gyrru'r awyren drwy'r awyr.

Dyma ddiagram sy'n dangos sut mae jet-yriant yn gweithio mewn peiriant pwlsjet.

↑ *Y cerflun o Frank Whittle yn Coventry.*

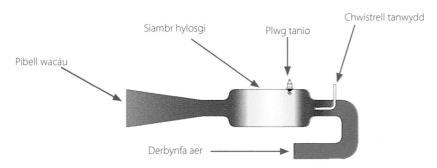

Chwistrell tanwydd

Siambr hylosgi

Plwg tanio

Pibell wacáu

Derbynfa aer

↑ *Peiriant pwlsjet.*

Tasg 14.2

Atebwch y cwestiynau canlynol:

1. Pa ddefnyddiau modern gallech chi eu defnyddio ar gyfer bloc peiriant mewn car?
2. Esboniwch pa briodweddau byddai eu hangen mewn defnydd os ydych chi'n mynd i adeiladu bloc peiriant car, a pham byddai angen y rhain.
3. Pwy ddyluniodd y peiriant tanio mewnol modern cyntaf?
4. Beth oedd y car cyntaf i gael ei fasgynhyrchu?
5. Pwy ddyluniodd y Spitfire ar gyfer yr Ail Ryfel Byd?
6. Beth helpodd i wneud y Spitfire yn un o'r awyrennau ymladd cyflymaf ar y pryd?
7. Pa rym sy'n cael ei greu gan jetiau sydd ei angen ar awyrennau modern i hedfan drwy'r awyr?

Peirianneg electronig

O arbrofion cynnar i geisio harneisio pŵer mellt, i jariau Leyden y gwyddonydd Pieter van Musschenbroek o Leiden (Leyden), yr Iseldiroedd, yn 1745–1746, oedd yn gallu storio trydan, mae gwyddonwyr wedi deall y gallai trydan a'r pŵer mae'n ei gyflenwi fod yn ddefnyddiol. Yn y byd modern, mae gwyddonwyr a Pheirianwyr wedi datblygu cyfarpar ac offer sy'n defnyddio trydan fel ffynhonnell bŵer, ac mae creu cyfarpar electronig yn yr 20fed ganrif wedi newid wyneb y blaned a'r ffordd mae bodau dynol yn byw eu bywydau pob dydd. O fwyngloddio elfennau mwynol a metelau newydd, i gyfathrebu byd-eang, mae cyflwyno prosesyddion (microsglodion), cyfrifiaduron a'r rhyngrwyd wedi newid y ffordd mae cymdeithas yn gweithredu. Meddyliwch am yr holl gyfarpar electronig rydych chi'n rhyngweithio ag ef bob dydd, yna dychmygwch fyd lle dydy Peirianwyr ddim wedi darganfod trydan fel ffynhonnell bŵer eto.

↑ Pieter van Musschenbroek.

↑ Defnyddio trydan yng Nghanol Ewrop a'r Deyrnas Unedig yn y nos.

Mae peirianneg electronig fodern yn ymdrin â'r gallu i ddylunio a datblygu systemau electronig y gallwn ni eu rheoli, ac sydd wedi'u dylunio i gyflawni tasgau penodol. Dyma enghraifft o system sylfaenol:

Yma, gallwch chi weld y byddai gan system electronig **fewnbwn** ac **allbwn**. Y mewnbwn fyddai lle rydych chi'n rheoli'r system, a'r allbwn fyddai'r canlyniad gofynnol. Dewch i ni roi cynnig ar y diagram hwn ar gyfer sychwr gwallt (system drydanol syml):

↑ *Yr allbwn dymunol o sychwr gwallt yw aer poeth.*

Nawr, switsh fyddai'r **mewnbwn**. Gallwn ni ddefnyddio'r switsh i reoli'r system drydanol. Yr **allbwn** dymunol fyddai'r aer poeth … yn union beth sydd ei angen gan y 'system sychwr gwallt'.

Mae Peirianwyr Electronig heddiw'n ymdrin â systemau cymhleth iawn sy'n gallu cyflawni llawer o dasgau. Meddyliwch am eich ffôn symudol. Faint o dasgau mae'n eu cyflawni? Yn ogystal â'r gallu i siarad â ffrindiau, tynnu lluniau a gwrando ar gerddoriaeth, meddyliwch am allu eich ffôn i ddefnyddio golau mewn gwahanol ffyrdd, sut mae'n defnyddio lliw, arlliw a thôn, yn ogystal â synhwyro cyffyrddiad blaen eich bysedd. O fewn y 30 mlynedd diwethaf, mae datblygiadau peirianneg electronig wedi mynd o ffuglen wyddonol i realiti oherwydd cyflawniadau Peirianwyr Electronig.

↑ *Watsh glyfar Huawei.*

↑ *Chwarae gêm realiti estynedig gan ddefnyddio penset rhithrealiti.*

Y transistor

Gallai rhywun ddadlau bod genedigaeth peirianneg electronig 'fodern' wedi dechrau adeg darganfod cydran syml o'r enw **transistor**. Mae transistor yn ddyfais o'r enw lled-ddargludydd gallwn ni ei defnyddio naill ai i gyfnerthu neu fwyhau pŵer electronig neu i switsio signalau electronig. Cyn dyfeisio'r transistor, roedd switshys a mwyaduron electronig yn dod ar ffurf tiwbiau gwactod a chydrannau mawr eraill oedd yn golygu bod unrhyw ddyfais electronig yn fawr, yn lletchwith ac yn aneffeithlon o ran egni.

↑ *Enghraifft o diwb gwactod bach.*

Gyda thransistorau, aeth dyfeisiau electronig yn raddol yn llai ac yn fwy effeithlon, gan alluogi Peirianwyr Electronig i greu'r dyfeisiau symudol pwerus rydyn ni'n eu cludo heddiw. Cafodd y transistor defnyddiol, ymarferol cyntaf ei greu gan y ffisegwyr o America Bardeen, Brattain a Shockley, a aeth ymlaen i rannu Gwobr Nobel Ffiseg yn 1956.

Dyma enghraifft o sut mae transistorau'n gweithio:

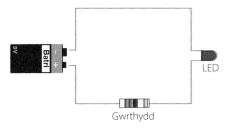
Gwrthydd

Uchod mae cylched syml heb dransistor. I redeg pŵer o'r batri i'r LED mae angen i chi reoli'r brif uned bŵer (batri) â switsh. Mae hyn yn golygu y byddai'r gylched yn ddrud i'w rhedeg.

Gellir rhoi 0.8 folt yma

Dyma symbol transistor

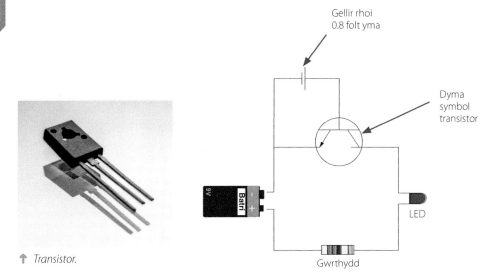

↑ *Transistor.*

Gwrthydd

Uchod mae cylched syml sy'n cynnwys transistor. Dydy'r LED ddim yn goleuo oherwydd mae'r transistor yn gweithio fel ynysydd a dydy'r gylched ddim yn gyflawn. Fodd bynnag, drwy ychwanegu ffracsiwn bach o foltedd y prif fatri (e.e. 0.8 folt) mae'r transistor yn troi yn ddargludydd ac yn caniatáu i'r prif bŵer o'r batri (9 folt) redeg drwy'r gylched. Mae hyn yn golygu y gallwn ni weithredu'r gylched â foltedd llawer is, sy'n gwneud y system yn rhatach ac yn fwy diogel.

Y radio transistor

Roedd cyflwyno'r transistor yn caniatáu i lawer o gynhyrchion electronig fod yn llai ac yn fwy cludadwy. Cymerodd llawer o ddylunwyr y cyfle i ddatblygu radios transistor bach (radio oedd prif ffurf newyddion ac adloniant ar y pryd) oedd wedi'u gweithredu â batris. Yn yr 1960au y radio transistor oedd y cynnyrch oedd yn gwerthu'r niferoedd mwyaf yn y byd Gorllewinol; roedd yn golygu bod pobl ifanc yn gallu gwrando ar gerddoriaeth pan oedden nhw oddi cartref, ac yn galluogi pobl i gael y newyddion diweddaraf yn rheolaidd ble bynnag roedden nhw.

Yr iPhone

Y diweddar brif swyddog gweithredol yn Apple, Steve Jobs, oedd y cyntaf i feddwl am y syniad o ddefnyddio sgrin gyffwrdd i ryngweithio â chynnyrch, a hynny ar gyfer y genhedlaeth nesaf o gynhyrchion Apple yn 2005. Ar y pryd, roedd angen bysellfyrddau ffisegol o hyd i fewnbynnu data i gyfrifiaduron a ffonau, felly roedd dyluniadau'n gyfyngedig iawn.

O deipio ar fysellfyrddau ffisegol   *i*   *ryngweithio â sgrin gyffwrdd.*

Cafodd grŵp o Beirianwyr Electronig eu recriwtio i ddatrys problem y 'sgrin gyffwrdd' ac i ymchwilio i'w gwneud hi'n ddichonadwy. Fe wnaethon nhw ddatblygu prototeip, ac ar unwaith edrychodd Steve Jobs ar y posibilrwydd o gyflwyno'r dechnoleg newydd i ffonau symudol. Enw'r project oedd 'Project Purple 2'.

Mae sut rydych chi'n rhyngweithio â dyfeisiau electronig, a'r ffordd mae cynhyrchion yn cael eu dylunio, wedi newid oherwydd y tîm o Beirianwyr oedd yn gyfrifol am ddatblygu'r dechnoleg newydd hon.

Tasg 14.3

Atebwch y canlynol:
1. Pa gydran electronig wnaeth newid y ffordd roedd cynhyrchion electronig yn cael eu dylunio?
2. Disgrifiwch beth yw 'lled-ddargludydd'.
3. Beth oedd y cynnyrch electronig i ddefnyddwyr a werthodd y niferoedd mwyaf yn yr 1960au?
4. Pwy oedd yn gyfrifol am newid y ffordd rydyn ni'n defnyddio ffonau symudol?
5. Beth oedd ei ddatblygiad newydd mwyaf dylanwadol?
6. I ba gwmni roedd yn gweithio?

15 Peirianneg a'r Amgylchedd

Yn y bennod hon, rydych chi'n mynd i wneud y canlynol:

➜ Deall sut mae peirianneg yn effeithio ar yr amgylchedd

➜ Gweld sut mae Peirianwyr yn gallu ystyried yr amgylchedd wrth weithio

➜ Edrych ar ddatblygiadau peirianneg newydd sy'n cael effaith gadarnhaol ar yr amgylchedd.

Bydd y bennod hon yn ymdrin â'r meysydd canlynol ym manyleb CBAC:

Uned 3 DD1 Deall effeithiau cyflawniadau peirianyddol	
MPA1.3 Esbonio sut mae materion amgylcheddol yn effeithio ar gymwysiadau peirianyddol	Materion amgylcheddol: defnyddio; gwaredu; ailgylchu; datblygu defnyddiau; prosesau peirianyddol; costau; cludo; cynaliadwyedd Cymwysiadau: prosesau peirianyddol; cynhyrchion peirianyddol

Rhagymadrodd

Mae bodau dynol wedi bod yn newid wyneb y dirwedd ers i'r 'Peirianwyr' hynafol cyntaf ddechrau torri coed i adeiladu cartrefi pren, hyd at waith Peirianwyr modern yn twnelu drwy wely'r môr i greu rheilffyrdd. Un o'r cyfnodau o newid mwyaf, pan gafodd Peirianwyr yr effaith fwyaf ar y byd a'i amgylcheddau, oedd y Chwyldro Diwydiannol (tua 1760–1840). Yn ystod y Chwyldro Diwydiannol bu newid o gynhyrchion wedi'u gwneud â llaw yn bennaf a diwylliant amaethyddol (ffermio) i gymdeithas lle roedd peiriannau'n rheoli a glo'n cael ei gloddio i redeg yr holl beiriannau pŵer ager oedd newydd gael eu dyfeisio (ar gyfer llongau, trenau a diwydiant). Cafodd ffatrïoedd, masgynhyrchu, camlesi, ffyrdd a dinasoedd eu hadeiladu gyda chymorth y peiriannau newydd a drwy losgi tanwyddau ffosil, gan greu gwastraff a llygredd oedd yn rhannau newydd o amgylchedd y byd.

Term allweddol

Tanwyddau ffosil: adnoddau anadnewyddadwy sy'n gallu cael eu llosgi i greu egni (e.e. glo, nwy ac olew).

↑ *Mae'r llun hwn yn dangos sut roedd ffatrïoedd a pheiriannau'r Chwyldro Diwydiannol yn allyrru llygryddion i'r amgylchedd ac yn newid ansawdd yr aer roedd pobl yn ei anadlu, gan achosi i lawer ohonynt ddioddef afiechyd.*

Yn yr oes fodern, mae gennyn ni lawer gwell dealltwriaeth o effaith bosibl peirianneg ar yr amgylchedd, ac mae peirianneg fodern yn ceisio creu a datblygu datrysiadau newydd sydd naill ai'n lleihau effaith peirianneg ar yr amgylchedd neu hyd yn oed yn gwella'r amgylchedd drwy arloesi datblygiadau newydd. Yn y bennod hon, byddwch chi'n edrych ar rai o'r meysydd a'r newyddbethau sy'n cael eu datblygu gan Beirianwyr i gael effaith gadarnhaol uniongyrchol ar amgylcheddau'r byd.

Egni adnewyddadwy

Cyn i ni ddatblygu technolegau sydd wedi caniatáu i ni harneisio pŵer egni adnewyddadwy, dim ond tanwyddau ffosil oedd yn cael eu llosgi gan gymdeithasau ledled y byd i greu pŵer. Yn wir, tanwyddau ffosil yw prif ffynhonnell bŵer y byd hyd heddiw; olew yw'r adnodd sy'n cael ei ddefnyddio'n bennaf i bweru peiriannau diwydiannol a chludiant, ac i greu defnyddiau fel plastigion. Y broblem wrth ddefnyddio tanwyddau ffosil (adnodd anadnewyddadwy), yn ogystal â'r ffaith eu bod nhw'n creu llygryddion sy'n difrodi'r amgylchedd wrth gael eu llosgi, yw eu bod nhw hefyd yn adnodd cyfyngedig ac y byddan nhw'n dod i ben yn y pen draw.

↑ *Gorsaf drydan sy'n llosgi glo yn rhyddhau CO_2 i'r atmosffer.*

Oherwydd anfanteision enfawr defnyddio tanwyddau ffosil, mae Peirianwyr wedi bod yn edrych ar greu technolegau sy'n harneisio ffynonellau egni adnewyddadwy fel gwynt, solar, dŵr a geothermol.

Pŵer gwynt

Mae pŵer gwynt neu egni gwynt yn defnyddio tyrbinau gwynt i ddal yr egni yn symudiad aer. Mae'r tyrbinau'n defnyddio llafnau gwthio i droi generadur i greu egni trydanol sydd yna naill ai'n cael ei storio mewn batrïau neu ei fwydo'n uniongyrchol i'r grid trydan. Mae ffermydd gwynt yn fannau pwrpasol lle mae llawer o dyrbinau gwynt wedi'u grwpio gyda'i gilydd i ddal egni ceryntau aer. Gall tyrbinau gwynt fod yn ddrud i'w cynnal a'u cadw gan fod natur fecanyddol y tyrbinau'n golygu bod angen eu cynnal a'u cadw nhw'n rheolaidd; fodd bynnag, mae eu heffaith ar yr amgylchedd yn fach iawn ac maen nhw'n ffordd dda o ddefnyddio ffynhonnell egni adnewyddadwy.

↑ *Tyrbinau gwynt ar ochr bryn, yn dal egni symudiad aer.*

Pŵer solar

Pŵer solar yw'r gallu i ddal golau'r haul a'i drawsnewid yn drydan sydd naill ai'n cael ei storio mewn batrïau neu ei fwydo'n uniongyrchol i grid pŵer. Rydyn ni'n defnyddio paneli solar i ddal golau'r haul a'i drawsnewid, ac mae'r rhain nawr yn gynnyrch eithaf cyffredin sydd i'w gweld ar ben llawer o dai. Mae paneli solar yn defnyddio celloedd ffotofoltaidd i drawsnewid golau'r haul yn drydan drwy ganiatáu i ffotonau daro electronau'n rhydd oddi wrth atomau sydd yna'n creu llif trydan.

↑ Mae'r gwaith solar mwyaf yn y byd yn Niffeithdir y Mojave, UDA, ac yn mesur 3,500 acer.

Fodd bynnag, i gynnal paneli solar yn effeithlon, mae angen ansawdd aer da hefyd i sicrhau bod golau'r haul yn gallu cyrraedd y paneli solar yn iawn. Er enghraifft, mae China (un o economïau gweithgynhyrchu mwyaf y byd) yn dal i losgi symiau enfawr o danwyddau ffosil ar gyfer eu diwydiannau, a hefyd yn defnyddio technolegau mwy newydd fel paneli solar. Mae hyn yn achosi problem i'r technolegau newydd, gan fod ansawdd yr aer mor wael mewn rhai ardaloedd nes bod y mwrllwch a'r llygredd aer yn atal golau'r haul rhag cyrraedd y paneli solar gan ei fod mor drwchus (ffynhonnell: Fabienne Lang (2019, 11 Gorffennaf) 'China's Air Pollution is so Bad it's Blocking its Solar Panels', *Interesting Engineering*, https://interestingengineering.com/chinas-air-pollution-is-so-bad-its-blocking-its-solar-panels).

Pŵer dŵr

Mae pŵer dŵr yn golygu harneisio pŵer cyrff dŵr sy'n symud (e.e. llanw) i droi tyrbinau sy'n cynhyrchu trydan. Caiff y trydan naill ei storio mewn batrïau neu ei fwydo'n uniongyrchol i gridiau pŵer.

↑ Gorsaf drydan dŵr wedi'i hadeiladu ar afon.

↑ Egni'r llanw'n troi tyrbinau i gynhyrchu trydan.

Mae dŵr wedi cael ei ddefnyddio i bweru peiriannau ers canrifoedd. Roedd melinau dŵr cynnar yn defnyddio pŵer llif afon i droi olwyn, ac yna byddai'r olwyn yn troi meini llifanu i falu grawn. Gallwn ni gael pŵer dŵr mewn llawer o ffyrdd, o adeiladu argaeau mawr a chronfeydd dŵr er mwyn creu gorsafoedd trydan dŵr, i greu tyrbinau sy'n arnofio ar y môr i harneisio pŵer y tonnau. Un fantais fawr wrth ddefnyddio dŵr i gynhyrchu trydan yw ei bod hi'n hawdd rhagweld y llanw neu lif afon, neu hyd yn oed pryd i agor llifddorau argae i adael i ddŵr lifo. Mae'r rhagweladwyedd hwn yn golygu y gallai pŵer dŵr fod yn ffynhonnell effeithlon iawn o egni adnewyddadwy.

Pŵer geothermol

Harneisio gwres y Ddaear i godi tymheredd dŵr a chynhyrchu ager yw pŵer geothermol. Mae'r ager yna'n troi tyrbinau sy'n trawsnewid yr ager yn drydan. Mae hwn yn adnodd glân ac adnewyddadwy sy'n cael ei ddefnyddio ar hyn o bryd gan lawer o wledydd yn y byd, gan gynnwys Kenya, Gwlad yr Iâ a Seland Newydd, sy'n cynhyrchu dros 15% o anghenion egni eu gwledydd o ffynonellau geothermol. Fodd bynnag, er bod egni geothermol yn fuddiol i'r amgylchedd mewn llawer o ffyrdd, mae'n ddrud creu gorsafoedd geothermol a dod o hyd i leoliadau addas yn y byd i'w hadeiladu nhw.

↑ *Mae pŵer llif yr afon yn troi'r olwyn – pŵer dŵr cynnar.*

↑ *Gorsaf drydan geothermol yn Seland Newydd.*

Cylchred oes cynnyrch

Wrth greu datblygiadau a datrysiadau newydd, mae angen i Beirianwyr ddeall sut mae eu dyluniad yn effeithio ar y blaned. Mae'n rhaid i Beirianwyr modern ofyn: o beth bydd y cynnyrch yn cael ei wneud, o ble byddaf yn cael yr adnoddau angenrheidiol, sut caiff ei ddefnyddio a beth fydd yn digwydd iddo ar ddiwedd ei oes? Drwy ateb y cwestiynau hyn, gall Peirianwyr modern gynhyrchu cynhyrchion a datrysiadau allai leihau effaith eu datrysiad ar amgylchedd y byd. Wrth i'r Peiriannydd ddechrau project, mae'n gyfrifol am benderfyniadau ynglŷn â sut i ddefnyddio adnoddau'r byd a dewisiadau sy'n sicrhau gwneud cyn lleied â phosibl o ddifrod i'r amgylchedd.

Mae dealltwriaeth o'r materion hyn wedi arwain at ddatblygu'r asesiad o gylchred oes cynnyrch. Mae'r model hwn yn edrych ar effaith gyffredinol creu cynnyrch newydd ac yn ein galluogi i wneud penderfyniadau ar bob cam allai leihau'r effaith niweidiol ar yr amgylchedd.

Diwedd oes cynnyrch

Beth sy'n digwydd i'r cynnyrch ar ddiwedd ei oes? Ydy hi'n bosibl ailgylchu/ailddefnyddio rhyfaint neu'r cyfan ohono? Ydy hi'n hawdd ei ddatgymalu a'i ailgylchu? A fydd yn mynd i safle tirlenwi (tomen sbwriel)? Sut gall y cynnyrch hwn, sydd nawr yn ddiwerth, gael cyn lleied â phosibl o effaith ar yr amgylchedd?

Echdynnu defnyddiau crai

Beth yw'r defnyddiau sydd eu hangen arnoch chi ar gyfer eich datrysiad, a ble maen nhw? Oes rhaid i chi eu cludo nhw o ochr arall y byd? Allwch chi ddod o hyd iddyn nhw'n lleol? Sut rydych chi'n mynd i'w hechdynnu nhw? Allwch chi ddod o hyd i ddefnyddiau wedi'u hailgylchu i'w defnyddio?

Defnyddio'r cynnyrch

Sut caiff y cynnyrch ei ddefnyddio? Ydych chi wedi ei greu i bara am amser cyfyngedig yn unig? Ydy'r dyluniad yn ddyluniad optimaidd fydd yn para am amser hir? Oes angen ei wasanaethu neu ei gynnal a'i gadw? Oes yna gostau amgylcheddol ychwanegol os yw'r cwsmer yn ei ddefnyddio (e.e. defnyddio pŵer)?

ASESIAD CYLCHRED OES CYNNYRCH

Puro defnyddiau crai

Oes angen puro'r defnyddiau rydych chi wedi'u pennu (e.e. olew crai i wneud plastig)? Faint o brosesau puro fydd eu hangen ar eich defnyddiau? Allwch chi amnewid rhai defnyddiau crai am ddefnyddiau wedi eu hailgylchu/eu hailddefnyddio sydd eisoes wedi cael eu puro?

Cydosod darnau

Sut caiff eich cynnyrch ei gydosod a'i becynnu? Fydd eich defnydd pecynnu'n defnyddio mwy fyth o ddefnydd? Oes modd ei gydosod yn yr un lle ag mae'n cael ei weithgynhyrchu? Ar ôl ei gydosod, oes angen ei gludo at y cwsmeriaid?

Gweithgynhyrchu darnau

Ble caiff eich cynnyrch ei weithgynhyrchu? Oes angen ei gludo i rywle arall ar ôl ei wneud? Oes angen i chi sefydlu ffatri newydd a hyfforddi staff newydd? Allwch chi wneud y gweithgynhyrchu'n lleol?

Gall y broses ddylunio peirianyddol gael effaith fawr ar bob un o'r prosesau sydd wedi'u rhestru. Felly, mae gan Beirianwyr gyfrifoldeb enfawr i ofalu am yr amgylchedd ac mae angen ystyried dewisiadau dylunio fyddai'n effeithio ar bob un o'r meysydd uchod. Allwch chi ddewis defnydd gwell? Defnyddio llai o gludiant? Gwneud yn siŵr bod modd ailddefnyddio neu ailgylchu'r cynnyrch?

Tasg 15.1

Dyma ddiagram heb ei orffen o asesiad cylchred oes cynnyrch ar gyfer tun cola alwminiwm gallech chi ei brynu o'ch siop leol. Copïwch y diagram a chwblhewch bob cam yn yr asesiad o gylchred oes y cynnyrch hwn, ac yna ysgrifennwch baragraff byr i ddisgrifio sut mae'r tun alwminiwm wedi effeithio ar yr amgylchedd.

TUN ALWMINIWM

Defnyddiau a phrosesau peirianyddol y presennol a'r dyfodol

Mae peirianwyr a gwyddonwyr ledled y byd wrthi'n gyson yn ceisio datblygu defnyddiau a phrosesau peirianyddol newydd sydd ddim yn unig yn fwy effeithlon a chost effeithiol ond sydd hefyd yn well i'r amgylchedd ac yn gynaliadwy yn y tymor hir. Drwy amnewid defnyddiau ailgylchadwy er mwyn defnyddio llai o ddefnyddiau crai, neu drwy ddatblygu ffyrdd newydd cyffrous o adeiladu a gweithgynhyrchu, dylai Peirianwyr nawr flaenoriaethu'r amgylchedd wrth greu datrysiadau newydd a chynnwys datblygiadau technolegol newydd wrth wneud penderfyniadau. Dyma rai enghreifftiau o arferion arloesol sy'n cael eu defnyddio ar hyn o bryd neu a gaiff eu defnyddio mewn datblygiadau cynhyrchion a pheirianyddol.

- **Concrit cynaliadwy**: gellir defnyddio llai o'r defnyddiau arferol i greu symiau mawr o goncrit (defnydd adeiladu rhagorol) drwy ddefnyddio eitemau fel gwydr wedi malu, sglodion pren a slag i wneud y cymysgedd yn fwy swmpus.
- **Brics sy'n amsugno llygredd**: gallwn ni ddefnyddio'r brics hyn i adeiladu ond maen nhw hefyd yn hidlo'r aer yn yr amgylchedd yn union o'u cwmpas nhw. Maen nhw'n gallu amsugno gronynnau bras a rhai gronynnau mân a lleihau llygredd aer.
- **Bioplastig**: yn hytrach na defnyddio cemegion o olew crai, mae bioplastigion yn deillio o ddefnydd organig a phlanhigion fel cansenni siwgr, algâu, startsh corn a chramenogion. Ar wahân i osgoi defnyddio tanwyddau ffosil anadnewyddadwy, mae bioplastigion hefyd yn 100% bioddiraddadwy, sy'n gwneud yn siŵr nad oes effeithiau niweidiol ar yr amgylchedd wrth gael gwared arnyn nhw.

↑ Platiau a chyllyll a ffyrc tafladwy wedi'u gwneud o fioplastig.

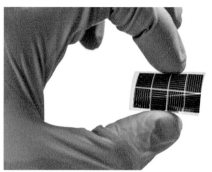

↑ Cell ffotofoltaidd fach wedi'i hargraffu ar ffilm hyblyg.

- **Arwynebau ffotofoltaidd**: yn debyg iawn i baneli solar, mae arwynebau ffotofoltaidd yn ffordd newydd o ddefnyddio technoleg pŵer solar ond, yn wahanol i baneli solar, gallwn ni eu rhoi nhw ar arwynebau fel gwydr. Gallai adeiladau mawr fel nendyrau bweru eu hunain a chynnal eu hunain pe baen nhw wedi'u gorchuddio â ffilm ffotofoltaidd.
- **Defnyddiau sy'n eu trwsio eu hunain**: mae'n dal i fod yn gynnar yn y broses o ddatblygu'r rhain, ond gallai fod yn bosibl creu defnydd sy'n 'trwsio ei hun'. Gallen nhw ddefnyddio'r carbon yn yr atmosffer i'w trwsio eu hunain os ydyn nhw'n torri.
- **Ffatrïoedd clyfar**: mae yna weithgynhyrchu 'galluog iawn' ar hyn o bryd sy'n defnyddio gweithgynhyrchu integredig cyfrifiadurol a roboteg, ond ffatrïoedd clyfar yw'r lefel nesaf. Mae ffatrïoedd clyfar yn gallu addasu a newid prosesau drwy fonitro mewn amser real, gan fod cyfrifiaduron digidol a roboteg yn rheoli pob agwedd ar y broses weithgynhyrchu. Mae hyn yn golygu na fyddai bron dim cyfraniad dynol at weithgynhyrchu cynhyrchion mewn ffatri glyfar. Newyddion da o ran effeithlonrwydd; newyddion drwg o ran cyfleoedd cyflogaeth.

↑ Peiriannydd yn defnyddio tabled i fonitro braich robot mewn ffatri glyfar.

Beth yw cynaliadwyedd/peirianneg gynaliadwy?

Mae cynaliadwyedd (yn nhermau peirianneg a chreu cynhyrchion newydd) yn golygu:

- creu cynhyrchion sydd wedi'u gwneud o adnoddau cynaliadwy
- creu cynhyrchion gan ddefnyddio cyn lleied â phosibl o adnoddau neu adnoddau adnewyddadwy yn ystod y prosesau gweithgynhyrchu a chludo
- creu cynhyrchion y gellir eu hailgylchu'n llawn.

Er enghraifft, mae tîm o Beirianwyr Adeileddol yn mynd ati i greu adeilad swyddfa cynaliadwy. I gyflawni'r nod hwn, efallai y bydd rhaid iddyn nhw wneud y canlynol:

- cyrchu defnyddiau o adnodd adnewyddadwy
- defnyddio defnyddiau sy'n 100% ailgylchadwy
- defnyddio cyn lleied â phosibl o unrhyw ddefnyddiau anghynaliadwy
- cyrchu defnyddiau'n lleol
- creu dyluniad adeilad sy'n cael cyn lleied â phosibl o effaith ar yr amgylchedd
- sicrhau bod yr adeilad yn gweithredu'n effeithlon o ran defnyddio egni (ffynonellau egni adnewyddadwy)
- sicrhau bod angen cyn lleied â phosibl o waith cynnal a chadw ar yr adeilad
- sicrhau bod yr adeilad yn hawdd ei adnewyddu a'i ddiweddaru os oes angen
- sicrhau bod yr adeilad yn hawdd ei ddatgymalu, ei ddymchwel a'i ailgylchu ar ddiwedd ei oes.

Mae peirianneg gynaliadwy'n lleihau effaith creu cynhyrchion newydd drwy beidio â defnyddio adnoddau cwbl newydd, ond mae hefyd yn cael effaith gadarnhaol ar amgylcheddau.

⬆ *Mae'r Crystal (Llundain) yn adeilad cynaliadwy trydan-i-gyd sy'n defnyddio pŵer solar a phwmp gwres o'r ddaear i gynhyrchu ei egni ei hun. Mae'r adeilad yn defnyddio cynaeafu dŵr glaw, trin dŵr du, gwresogi solar a systemau rheoli adeilad awtomataidd (ffynhonnell: https://www.thecrystal.org/about/).*

Ailgylchu defnyddiau

Rydyn ni'n defnyddio miliynau o dunelli o ddefnyddiau bob blwyddyn i gynhyrchu cynhyrchion, o ddefnydd pecynnu plastig i adeiladau newydd, ac mae llawer o'r defnyddiau yn y pen draw'n mynd i safleoedd tirlenwi neu'n cael eu taflu i'r cefnforoedd fel gwastraff yn lle cael eu hailddefnyddio neu eu hailgylchu. Y nod newydd ar gyfer peirianneg a gweithgynhyrchu yw creu byd defnydd-niwtral, lle byddwn ni'n defnyddio'r holl adnoddau sy'n cael eu hechdynnu drosodd a throsodd neu byddan nhw'n bioddiraddio ac yn troi yn sylwedd sydd ddim yn niweidiol (i'r amgylchedd). Yn amlwg, dydyn ni ddim wedi cyflawni hyn eto ond rydyn ni'n agosáu wrth i ddatblygiadau a thechnoleg wella. Un enghraifft dda fyddai defnyddio bioplastigion yn lle plastigion sy'n deillio o olew crai, gan fod bioplastig yn 100% bioddiraddadwy.

Fodd bynnag, mae'n rhaid ailgylchu defnyddiau yn ôl y gyfraith erbyn hyn, gyda'r ISO (Cyfundrefn Safonau Rhyngwladol) yn gosod safonau byd-eang ar gyfer y canran o ddefnyddiau sy'n gorfod bod yn ailgylchadwy wrth weithgynhyrchu cynhyrchion newydd. Er enghraifft, mae'r rhif safoni ISO 15270:2008 yn ymdrin â chanran y plastigion sy'n gorfod bod yn ailgylchadwy ar gyfer pob cynnyrch newydd, ac mae'n rhaid i bob cwmni gweithgynhyrchu gydymffurfio â'r gyfraith ryngwladol hon.

Symbolau a labeli ar gyfer ailgylchu a chynaliadwyedd

Pan fyddwch chi'n defnyddio neu'n prynu cynnyrch newydd, efallai y gwelwch chi logos wedi'u hargraffu neu eu stampio ar y defnydd pecynnu neu'r arwyneb i ddangos a ydy'r cynnyrch yn dod o ffynhonnell gynaliadwy neu a oes modd ailgylchu darnau ohono. Dyma rai enghreifftiau o logos sy'n cael eu rhoi ar gynhyrchion i helpu'r defnyddiwr i ddewis.

♻	**Logo ailgylchu (dolen mobius)**	Yn dangos a oes modd ailgylchu cynnyrch neu ddarn o gynnyrch (cynhyrchion plastig, defnydd pecynnu).
FSC	**Cyngor Stiwardiaeth Coedwigoedd®**	Yn dangos bod cynnyrch o goedwig (e.e. pren neu bapur) wedi'i gyrchu'n gyfrifol.
EU Ecolabel www.ecolabel.eu	**Ecolabel yr UE**	Yn dangos bod cynnyrch wedi cydymffurfio â safonau cynaliadwyedd Ewrop (cynhyrchion sydd wedi'u gweithgynhyrchu yn Ewrop).

Ailgylchu plastigion

Erbyn hyn, gallwn ni ailgylchu'r rhan fwyaf o blastigion. Fodd bynnag, gall y broses o ailgylchu plastigion fod yn anodd ac mae'n tueddu i ddefnyddio llawer o egni. Mae plastig hefyd yn diraddio bob tro mae'n cael ei ailgylchu a dim ond ychydig o weithiau gallwn ni ei ailgylchu. Erbyn hyn, mae'n rhaid stampio pob cynnyrch plastig i ddweud pa fath o blastig ydyw er mwyn ei gwneud yn haws ei ailgylchu a lleihau costau.

Mae ailgylchu'n broses ddrud, felly bydd unrhyw ddyluniad sydd wedi'i beiriannu'n dda sy'n gwneud ailgylchu'n haws yn lleihau'r gost i'r gymdeithas a'r amgylchedd. Dyma pam mae Peirianwyr modern yn gweithio'n galed i greu datrysiadau a chynhyrchion sy'n hawdd i ddefnyddwyr a diwydiant eu hailgylchu.

↑ *Mae'n bosibl ailgylchu'r rhan fwyaf o blastigion.*

Dyma siart ailgylchu plastig sy'n dangos beth mae'r rhifau wedi'u 'stampio' ar gynhyrchion plastig yn ei olygu ac o ba ddefnyddiau maen nhw wedi'u gwneud.

PET	HDPE	PVC	LDPE	PP	PS	ARALL
polyethylen tereffthalad	polyethylen dwysedd uchel	polyfinyl clorid	polyethylen dwysedd isel	polypropylen	polystyren	
poteli diodydd meddal	poteli llaeth	tu mewn blychau siocled	bagiau siopa	teganau	teganau	plastigion eraill fel:
cynwysyddion sudd ffrwythau	cyfryngau glanhau	defnydd pecynnu plastig clir	poteli y gellir eu gwasgu	cesys teithio	eitemau pecynnu caled	gwydr ffibr
poteli olew coginio	glanedyddion dillad	papur swigod	sachau plastig	bymperi ceir	casys CD	acrylig
	poteli siampŵ	defnydd pecynnu bwyd		cadeiriau plastig		neilon

Tasg 15.2

Dewch o hyd i dri chynnyrch plastig sydd wedi cael eu stampio â rhif ailgylchu defnydd. Defnyddiwch y siart ar y dde i nodi o ba ddefnydd maen nhw wedi cael eu gwneud.

Ailgylchu metelau

Mae defnyddio metelau mewn cynhyrchion ac wrth adeiladu yn newyddion da fel arfer, oherwydd gallwn ni ystyried bod metelau'n ddefnyddiau cynaliadwy gan ein bod ni'n gallu ailgylchu bron 100% ohonyn nhw (ar wahân i ganran bach o gyrydiad ar fetelau fferrus) a'u hailddefnyddio nhw. Gallwn ni ailgylchu metelau eto ac eto heb newid eu priodweddau. Mae hyn yn newyddion da i Beirianwyr ac i'r amgylchedd. Un o'r metelau mwyaf cyffredin sy'n cael eu defnyddio heddiw yw dur, sef y metel sy'n cael ei ailgylchu fwyaf yn ôl pob tebyg, felly mae'n bosibl roedd y car dur rydych chi'n gyrru o gwmpas ynddo yn arfer bod yn beiriant golchi.

⬆ *Detholiad o fetelau fferrus ac anfferrus.*

Tasg 15.3

Gan ddefnyddio eich gwybodaeth newydd am beirianneg a'r amgylchedd, atebwch y canlynol:
1. Enwch dair ffynhonnell egni adnewyddadwy.
2. Esboniwch y term 'cynaliadwyedd'.
3. Pa ddefnyddiau adeiladu allai gael eu hystyried yn 'gynaliadwy' a pham?
4. Pa sefydliad sy'n gosod safonau am dargedau ailgylchu ar gyfer cynhyrchion newydd?
5. Pa logo ailgylchu allai gael ei arddangos ar gynhyrchion newydd a pha fuddion byddai hyn yn eu rhoi i'r defnyddiwr?

Technegau Mathemategol ar gyfer Peirianneg

16

Yn y bennod hon, rydych chi'n mynd i wneud y canlynol:
→ Dysgu sut i adnabod mesuriadau metrig yn gywir
→ Dysgu sut i ddefnyddio fformiwlâu mathemategol syml i ddatrys problemau peirianyddol/mathemategol
→ Dysgu sut i gyfrifo'r gwerthoedd mewn cylched electronig.

Bydd y bennod hon yn ymdrin â'r meysydd canlynol ym manyleb CBAC:

Uned 3 DD4 Gallu datrys problemau peirianyddol	
MPA4.1 Defnyddio technegau mathemategol i ddatrys problemau peirianyddol	Technegau mathemategol: defnyddio fformiwlâu: deddf Ohm, effeithlonrwydd; arwynebedd a chyfaint siapiau geometrig; cyfrifo; mesur; amcangyfrif; cymedr; unedau mesur: metrig, metrau, milimetrau, punnoedd, ceiniogau

Rhagymadrodd

Mae deall sut i ddefnyddio technegau mathemategol yn sgìl hanfodol ddylai fod gan bob Peiriannydd. Mae Peirianwyr yn aml yn wynebu problemau sy'n arwain at y cwestiynau, pa mor fawr, pa mor drwm neu faint? Wrth adeiladu pontydd, mae angen i Beirianwyr wybod pa mor drwm gallai'r traffig fod, oherwydd byddai hynny'n ffactor pwysig wrth ddewis defnyddiau ar gyfer y dasg; neu mae angen iddyn nhw wybod pa gydrannau i'w defnyddio mewn cylched ac felly faint o bŵer byddai ei angen i redeg y gylched. Mae mathemateg a pheirianneg yn mynd law yn llaw ac ni allai Peiriannydd fynd yn bell iawn heb ryw ddealltwriaeth o'r pwnc hwn.

Mae rhai pobl yn gweld mathemateg fel pwnc anodd a gallai hyn olygu na fyddan nhw'n ystyried peirianneg. Fodd bynnag, drwy ddefnyddio dulliau cam wrth gam syml i ymdrin â mathemateg, gall fod yn hawdd iawn ei deall. Yn y bennod hon, rydych chi'n mynd i ddysgu technegau mathemategol peirianyddol mewn prosesau cam wrth gam sy'n hawdd eu deall er mwyn dod i ddeall yn well sut i ddefnyddio mathemateg i ddatrys problemau peirianyddol syml.

Arwynebedd

Mae angen i Beirianwyr ddeall sut i gyfrifo arwynebeddau drwy'r amser, oherwydd mae hyn yn caniatáu iddyn nhw ateb y cwestiwn: pa mor fawr ydyw?

Dychmygwch eich bod chi'n Beiriannydd Adeileddol a bod angen i chi gyfrifo faint o dai newydd gallwch chi eu ffitio ar safle datblygu sydd newydd gael ei brynu. Efallai mai'r peth cyntaf byddech chi'n ei wneud yw darganfod faint o le ar y ddaear bydd pob tŷ yn ei ddefnyddio, felly byddai angen i chi ganfod arwynebedd ôl troed pob tŷ.

Arwynebedd siâp yw faint o le 2D mae'n ei orchuddio. Rydyn ni'n mesur arwynebedd mewn sgwariau, er enghraifft centimetrau sgwâr, metrau sgwâr a chilometrau sgwâr.

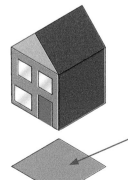

Dyma arwynebedd ôl troed y tŷ byddai angen i chi ei gyfrifo

Term allweddol

Ôl troed: arwynebedd y tir mae pob adeilad yn ei ddefnyddio.

Arwynebedd petryalau

Dylech chi ddefnyddio'r fformiwla ganlynol i gyfrifo arwynebeddau petryalau a sgwariau:

A = Arwynebedd

L = Hyd

W = Lled

A = L × W

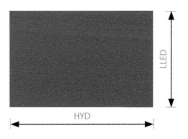

Arwynebedd paralelogramau

Arwynebedd paralelogram yw Sail (B) × Uchder (H) perpendicwlar:

A = B × H (perpendicwlar)

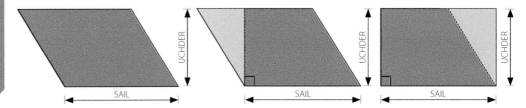

Arwynebedd trionglau

Os ydych chi'n lluosi'r sail â'r uchder perpendicwlar, rydych chi'n cael arwynebedd petryal. Mae arwynebedd y triongl yn **hanner** arwynebedd y petryal.

Felly, i ganfod arwynebedd triongl, mae angen lluosi'r sail â'r uchder perpendicwlar a'i rannu â dau.

Y fformiwla yw:

A = (B × H)/2

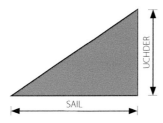

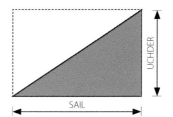

Mae'r triongl isod, sydd ddim yn driongl ongl sgwâr, yn defnyddio'r un egwyddor. Yr unig beth mae angen i chi ei wneud yw canfod y llinell berpendicwlar i fesur yr uchder. Yna, bydd gennych chi DDAU driongl ongl sgwâr i'w cyfrifo. Yna gallwch chi adio'r ddau at ei gilydd.

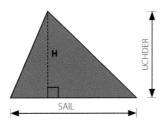

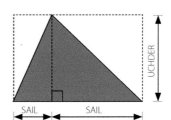

Arwynebedd cylchoedd

I ganfod arwynebedd cylch, yn gyntaf mae'n rhaid i chi wybod beth yw'r radiws a'r diamedr.

Mae'r diamedr yn mynd o un ymyl i'r cylch, yn syth drwy'r canol i'r ymyl bellaf.

Mae'r radiws yn mynd o'r canolbwynt (pwynt canol) i ymyl y cylch.

Dyma'r fformiwla i ganfod arwynebedd cylch:

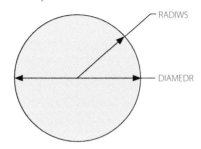

$A = \pi r^2$

A = arwynebedd

$\pi = 3.14159265359$

r = radiws

Felly:

$A = 3.14 \times (r \times r)$

I ganfod arwynebedd HANNER cylch:

I ganfod arwynebedd CHWARTER cylch:

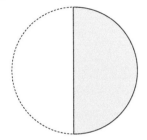

$A = 3.14 \times (r \times r) \div 2$

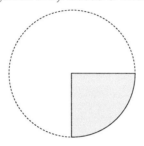

$A = 3.14 \times (r \times r) \div 4$

Arwynebedd siapiau cyfansawdd

Mae siâp cyfansawdd yn siâp ansafonol sy'n edrych yn gymhleth ond mewn gwirionedd mae'n syml iawn i'w gyfrifo.

Mae'r siâp isod yn edrych yn gymhleth, a gallai achosi trafferth i chi os ydych chi'n ceisio cyfrifo'r arwynebedd cyfan.

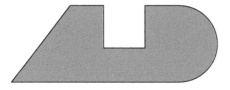

Un datrysiad syml i gyfrifo siapiau cyfansawdd yw eu rhannu nhw yn siapiau syml iawn, cyfrifo arwynebedd pob siâp (gweler yr enghreifftiau arwynebedd blaenorol) ac yna naill ai ADIO neu DYNNU yr arwynebeddau unigol gan ddibynnu sut rydych chi wedi eu rhannu nhw.

Naill ai 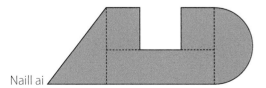 neu

Tasg 16.1

Gan ddefnyddio'r wybodaeth rydych chi wedi'i dysgu am arwynebeddau, cyfrifwch arwynebedd y braced alwminiwm canlynol. Os ydych chi'n cael problem, edrychwch yn ôl ar sut i dorri siapiau cymhleth yn siapiau syml ac yna cyfrifwch arwynebeddau pob siâp syml. Dangoswch eich HOLL waith cyfrifo.

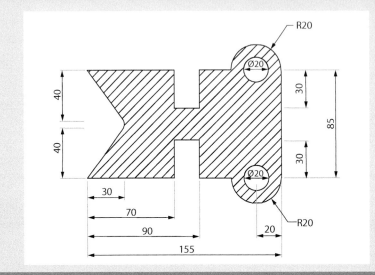

Cyfaint

Mae cyfrifo cyfaint (V) yn dechneg fathemategol arall mae'n rhaid i Beirianwyr ei dysgu. Un enghraifft dda o hyn yw deall cyfaint y dur gallai fod ei angen i gynnal pont a'r holl draffig bydd hi'n gorfod ei gynnal. Gallai rhy ychydig o ddur achosi i'r bont ddymchwel, a gallai gormod o ddur achosi i'r bont fod yn rhy drwm ac yn rhy gostus i'w hadeiladu.

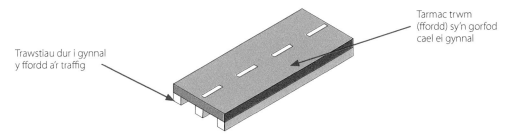

Trawstiau dur i gynnal y ffordd a'r traffig

Tarmac trwm (ffordd) sy'n gorfod cael ei gynnal

Cyfaint siâp yw'r holl le mae'n ei gymryd mewn tri dimensiwn, ac mae **arwynebedd** yn mesur (dimensiynau) yr arwyneb yn unig.

Rydyn ni'n mesur ac yn ysgrifennu **cyfaint** siâp fel **ciwb** neu ^{3}.

Isod mae centimetr ciwbig. Mae hyd pob ochr yn 1cm. Felly, mae cyfaint y siâp 3D yn 1cm^3.

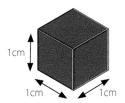

Mae cyfanswm o wyth ciwb 1cm³ yn y siâp 3D isod. Felly, mae ei gyfaint yn 8cm³.

Cyfaint ciwboidau

Siâp â chwe ochr sydd i gyd yn berpendicwlar i'w gilydd (90°) yw ciwboid. Byddai bricsen solet yn enghraifft dda.

I ddod o hyd i gyfaint (V) ciwboid, mae angen lluosi ei **hyd â'i led â'i uchder**. Gallwn ni ysgrifennu hyn fel hyn:

$$V = L \times W \times H$$

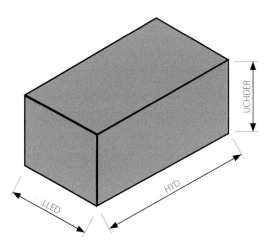

Tasg 16.2

Faint o giwbiau sydd yn y ddau siâp canlynol? Ysgrifennwch y cyfaint.

1.

2.

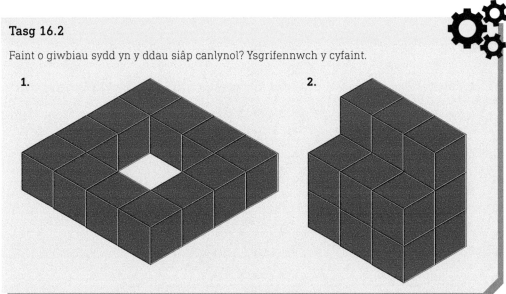

Cyfaint prismau

Rydych chi wedi dysgu sut i gyfrifo arwynebeddau yn barod. Os pen darn o ddur meddal (e.e. darn o ddur meddal sgwâr) yw'r arwynebedd mae hefyd yn cael ei alw'n **drawstoriad**. Gall y darn o ddur hefyd gael ei alw'n brism.

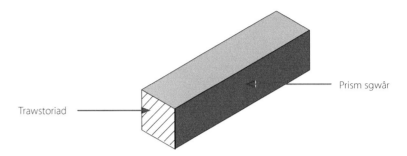

Trawstoriad

Prism sgwâr

Mae'r fformiwla hon yn gweithio ar gyfer pob prism:

Cyfaint = Arwynebedd y trawstoriad × Hyd

Mathau gwahanol o brism

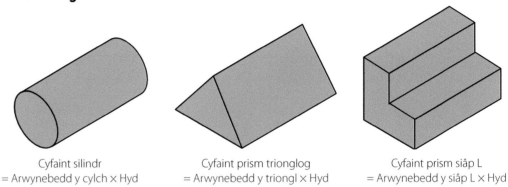

Cyfaint silindr
= Arwynebedd y cylch × Hyd

Cyfaint prism trionglog
= Arwynebedd y triongl × Hyd

Cyfaint prism siâp L
= Arwynebedd y siâp L × Hyd

Tasg 16.3

Gan ddefnyddio'r wybodaeth rydych chi wedi'i dysgu am arwynebeddau a chyfeintiau, cyfrifwch gyfaint y rhybed dur canlynol. Dangoswch eich HOLL waith cyfrifo.

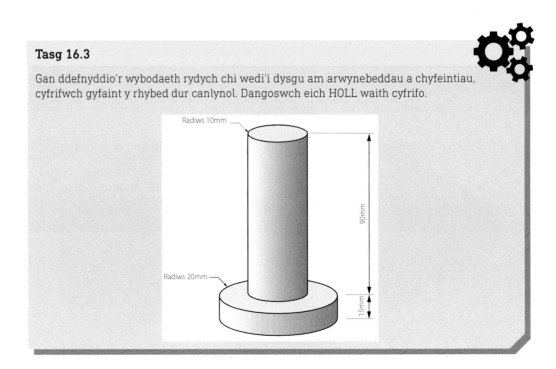

Radiws 10mm

90mm

Radiws 20mm

15mm

Y cymedr (cyfartaledd)

Y cymedr yw'r ffordd fwyaf cyffredin o fesur cyfartaledd. Os ydych chi'n gofyn i rywun ganfod y cyfartaledd, dyma'r dull maen nhw'n debygol o'i ddefnyddio.

I ganfod y cyfartaledd o set ddata, mae angen ADIO y data (rhifau) i gyd at ei gilydd ac yna RHANNU y canlyniad â chyfanswm nifer y rhifau (data), er enghraifft:

Isod mae set o sgorau o brofion peirianneg myfyrwyr (11 prawf, 11 sgôr):

9, 13, 9, 11, 9, 13, 11, 9, 10, 8, 11.

Ar ôl adio'r rhifau, y cyfanswm yw: 113.

Felly, y cymedr yw: 113 ÷ 11 = 10.27.

Nawr, rydyn ni'n gwybod mai sgôr cyfartalog y prawf ar gyfer y set benodol honno yw 10.27 i bob myfyriwr.

Tasg 16.4

Mae teulu wedi prynu car. Maen nhw eisiau gwybod faint mae'n ei gostio i redeg y car mewn costau tanwydd bob mis. Maen nhw eisiau gwybod CYMEDR y gost, ac maen nhw wedi cofnodi nifer y milltiroedd maen nhw wedi'u teithio bob mis am flwyddyn.

Mae'r car newydd yn gwneud 10MYL (milltir y litr).

Mae litr o danwydd yn costio £1.00.

Mis	Ion.	Chwe.	Maw.	Ebr.	Mai	Meh.	Gor.	Aws.	Med.	Hyd.	Tach.	Rhag.
Milltir	600	723	650	760	667	544	556	700	801	599	655	745

Effeithlonrwydd

Mae angen i bob Peiriannydd ymdrin â'r defnydd o egni, a deall y maes hwn. Weithiau, mae hyn yn golygu'r defnydd o egni i gynhyrchu cynnyrch; bryd arall, y cynnyrch ei hun sy'n defnyddio'r egni.

Mae Peirianwyr yn ymdrin â mathau gwahanol o egni fel:

* gwres
* golau
* cinetig
* cemegol
* trydanol
* sain
* disgyrchiant
* elastigedd.

RYDYN NI'N MESUR EGNI MEWN JOULEAU (J).

Wrth edrych ar gynhyrchion a phrosesau, mae angen i Beirianwyr ddeall faint o egni byddai ei angen i redeg cynnyrch neu broses, faint o'r egni hwnnw sy'n cael ei ddefnyddio a faint o'r egni hwnnw sy'n cael ei golli. **EFFEITHLONRWYDD** yw hyn.

Edrychwch ar y diagram isod. Fe welwch chi fwlb golau ffilament syml yn cael ei ddefnyddio. Caiff swm o egni trydanol ei ddefnyddio i redeg y cynnyrch/proses. Y canlyniad cywir fyddai 'golau'. Fodd bynnag, yn ystod y broses gallwch chi weld bod rhywfaint o egni'n cael ei golli fel 'gwres' ac, i raddau llai, fel 'sain'.

Drwy ychwanegu gwerthoedd at bob un o'r rhain, gallwch chi gyfrifo **effeithlonrwydd** y bwlb golau.

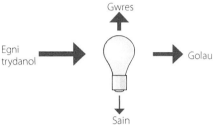

I gyfrifo effeithlonrwydd cynnyrch/proses, gallwch chi ddefnyddio'r fformiwla ganlynol (rydyn ni'n ysgrifennu effeithlonrwydd fel canran: %):

$$\text{Effeithlonrwydd (\%)} = \frac{\text{Egni defnyddiol ALLAN (J)}}{\text{Cyfanswm egni I MEWN (J)}} (\times 100)$$

Tasg 16.5

Beth yw effeithlonrwydd y bwlb golau canlynol?

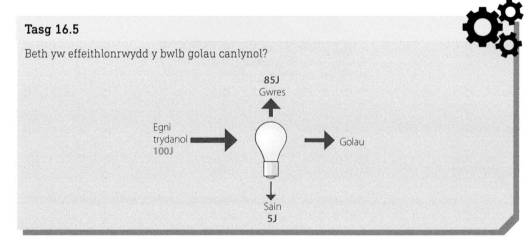

Technegau mathemategol ar gyfer electroneg

Dylai dealltwriaeth sylfaenol o gylchedau syml fod yn rhan o set sgiliau Peiriannydd, gan fod electroneg a chylchedau nawr yn cael eu defnyddio mewn llawer o gynhyrchion gwahanol.

Yn yr adran hon, bydd angen i chi ddeall **foltedd**, **cerrynt** a **gwrthiant**.

Deddf Ohm

Rydyn ni'n defnyddio fformiwla deddf Ohm i gyfrifo'r gwrthiant mewn cylched.

Mae cylchedau wedi'u gwneud o'r canlynol:

Foltedd (cyflenwad pŵer y gylched, y *GWTHIAD*, e.e. batrïau 9 folt)

Cerrynt (faint o drydan sy'n rhedeg o gwmpas y gylched)

Gwrthiant (sut mae'r cerrynt yn cael ei arafu gan bethau sydd yn ei ffordd, e.e. gwifrau, cydrannau)

↑ *Cofeb Georg Ohm ym Munich; cafodd deddf Ohm ei henwi ar ôl y dyn hwn.*

Mae'r diagram canlynol yn dangos sut gallwch chi gyfrifo gwerthoedd pob un:

Foltedd (V)   =   Cerrynt × Gwrthiant

Cerrynt (I)   = $\dfrac{\text{Foltedd}}{\text{Gwrthiant}}$

Gwrthiant (R)   = $\dfrac{\text{Foltedd}}{\text{Cerrynt}}$

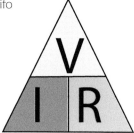

Wrth fesur gwerthoedd foltedd, cerrynt a gwrthiant, rydyn ni'n defnyddio'r unedau hyn:

Foltedd – foltiau (V)

Cerrynt – amperau (A)

Gwrthiant – ohmau (Ω)

Dyma gylched 'gyfres' syml gyda phedwar darn cydrannol.

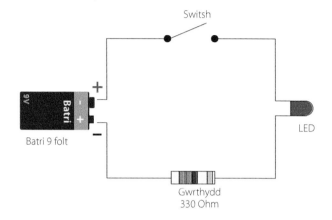

Gan ddefnyddio deddf Ohm, cyfrifwch gerrynt (I) y gylched uchod:

Cerrynt (I) = $\dfrac{\text{Foltedd (V)}}{\text{Gwrthiant (R)}}$ _____ amper = _____ $\dfrac{\text{folt}}{\text{ohm}}$

Tasg 16.6

Gan ddefnyddio DEDDF OHM, datryswch y problemau canlynol:

1. Mae bwlb golau mewnol yng nghaban car yn goleuo'r tu mewn i'r car. Mae gwrthiant y bwlb golau yn 24Ω (R). Mae'r cerrynt sy'n rhedeg drwy'r bwlb golau yn 0.5 amper (I). Pa foltedd sydd ei angen i redeg y bwlb golau?

2. Mae tortsh bach ar dorch allwedd yn cael ei redeg gyda cherrynt o 0.3 amper sy'n dod o fatri 3 folt. Beth yw gwrthiant y gylched?

Gwrthiant (R) = $\dfrac{\text{Foltedd}}{\text{Cerrynt}}$

Cydrannau electronig

Fel rydych chi wedi'i ddarganfod, mae cylchedau electronig yn cynnwys cydrannau gwahanol. Mae gan y cydrannau hyn i gyd dasgau gwahanol i'w gwneud, a gyda'i gilydd gallan nhw greu systemau electronig sy'n cyflawni tasgau penodol. Mae angen i Beiriannydd allu adnabod cydrannau electronig er mwyn dylunio cylchedau systemau electronig.

Wrth ddylunio a lluniadu cylchedau, rydyn ni'n defnyddio symbolau i gynrychioli cydrannau electronig. Mae'r symbolau canlynol yn enghreifftiau o'r rheini gallwn ni eu defnyddio mewn cylched syml ar gyfer golau LED:

▭	**Symbol gwrthydd.**	Mae gwrthydd yn gwrthsefyll y cerrynt mewn cylched ac yn lleihau llif cerrynt i amddiffyn cydrannau eraill fyddai'n cael eu dinistrio pe bai gormod o gerrynt yn llifo drwyddyn nhw.
⟋	**Symbol switsh.**	Mae switsh yn 'agor' neu'n 'cau' cylched, gan adael i'r cerrynt lifo neu beidio.
⊣⊢	**Symbol batri.**	Mae batri'n storio egni trydanol ac yn gweithredu fel ffynhonnell bŵer i ran o'r gylched neu i'r gylched gyfan.
◁	**Symbol LED.**	Cydran sy'n allyrru golau pan fydd cerrynt yn llifo drwyddi hi yw LED.

Nawr, dewch i ni roi'r symbolau cylched hyn mewn diagram cylched:

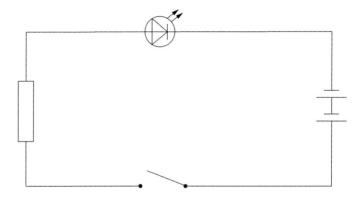

⬆️*Diagram cylched syml, yn dangos cylched sy'n cynhyrchu golau ag LED, gan ddefnyddio symbolau cydrannau.*

Drwy ddeall y symbolau sy'n cael eu defnyddio ar gyfer cydrannau, gallwch chi nodi'n gyflym beth mae cylched yn ei wneud drwy edrych ar y diagram.

Tasg 16.7

Dyma dabl sy'n dangos symbolau ar gyfer rhai cydrannau cyffredin iawn (rydych chi eisoes yn gwybod rhai ohonynt). Ymchwiliwch i symbolau'r cydrannau a chopïwch a chwblhewch y siart yn eich nodiadur, gan wneud yn siŵr eich bod chi'n ysgrifennu swyddogaeth pob cydran.

Symbol y gydran	Enw'r gydran	Swyddogaeth y gydran

Uned 1

Derry Accessories Cyf. – BRIFF ENGHREIFFTIOL

Mae Derry Accessories Cyf. yn cynhyrchu darnau ac ategolion ar gyfer ffonau symudol. Mae'r cwmni wedi cael llwyddiant wrth gynhyrchu gwefrwyr i ffonau symudol, tebyg i'r un yn y llun ar y chwith. Mae Derry Accessories Cyf. yn cynhyrchu llawer o fathau o wefrwyr ar gyfer brandiau gwahanol o ffonau symudol. Mae pob model gwefrwr presennol yn cynnwys cebl sy'n cysylltu'r ffôn symudol â phlwg trydanol. Mae'r cwmni wedi bod yn llwyddiannus am nifer o resymau:

- Mae amrywiaeth eang o ffonau symudol ar y farchnad, ac mae angen llawer o fathau gwahanol o wefrwyr ar eu cyfer nhw.
- Mae gwneuthurwyr ffonau symudol yn datblygu modelau newydd yn gyson ac mae Derry Accessories Cyf. yn sicrhau bob tro bod gwefrwr newydd ar gael.
- Mae oes batri ffonau symudol newydd yn fyrrach ac mae angen eu gwefru nhw'n rheolaidd, ac mae angen mwy nag un gwefrwr ar lawer o bobl er mwyn gallu gwefru eu ffonau gartref neu yn rhywle arall.

Fodd bynnag, mae'r materion hyn hefyd yn cael effaith negyddol ar y cwmni, gan fod angen i'r tîm dylunio ddatblygu manyleb newydd ar gyfer pob gwefrwr gan ddefnyddio defnyddiau a chydrannau sydd ychydig bach yn wahanol. Mae hyn yn cynyddu costau dylunio, gweithgynhyrchu a storio mewn warws. Mae'r gwefrwyr yn effeithio ar yr amgylchedd hefyd, gan eu bod nhw'n defnyddio defnyddiau sydd ddim yn fioddiraddadwy. Fodd bynnag, byddai'n bosibl eu hailgylchu nhw a'u torri nhw i lawr i'w darnau cydrannol fel rhan o'r gyfarwyddeb Cyfarpar Trydanol ac Electronig Gwastraff (WEEE).

Mae adborth gan adwerthwyr a gwneuthurwyr ffonau symudol yn dangos bod gan ddefnyddwyr nifer o bryderon am wefrwyr newydd. Mae'r rhain yn cynnwys:

- Mae gwefru ffonau symudol mewn cartrefi a swyddfeydd yn tueddu i edrych yn hyll.
- Mae llawer o gartrefi yn gwefru dau neu fwy o ffonau ar y tro.
- Mewn busnesau, mae gweithwyr yn defnyddio cyfleusterau i wefru eu ffonau, sy'n gallu edrych yn amhroffesiynol.
- Dydy'r gwefrwyr sy'n bodoli ddim yn cyd-fynd â steil ffonau modern.
- Dros amser, mae'r cebl yn colli elastigedd ac yn dechrau edrych yn hyll.

Briff dylunio

Mae Derry Accessories Cyf. yn bwriadu dylunio math newydd 'generig' o wefrwr ffôn symudol. Mae'r cwmni'n fodlon ystyried unrhyw opsiynau ar gyfer gwefru ffonau symudol ond mae'n awyddus i sicrhau y gellir defnyddio holl nodweddion y ffôn wrth iddo wefru. Mae Derry Accessories Cyf. yn credu bod datblygu'r model newydd hwn yn gyfle i hyrwyddo'r cwmni, a hoffen nhw weld eu logo ar eu holl gynhyrchion yn y dyfodol.

Eich tasg chi yw dylunio gwefrwr ffôn symudol newydd generig.

Copïwch y briff dylunio yn eich nodiadur a defnyddiwch amlygwr i amlygu'r nodweddion allweddol … yn ogystal ag ychwanegu esboniad o ystyr pob darn sydd wedi'i amlygu.

Dadansoddi cynnyrch/nodi swyddogaethau cynhyrchion peirianyddol

Cynnyrch presennol 2

Lluniad isometrig

Cynnyrch presennol 4

Lluniad isometrig

Anodwch y dyluniadau gan ddefnyddio TEITLAU a datganiadau sy'n eu cysylltu nhw â'r briff a'r farchnad darged

ENGHRAIFFT

Cynnyrch presennol 1

Lluniad isometrig

Cynnyrch presennol 3

Lluniad isometrig

Peirianneg wrthdro

Allanol

Defnyddiwch y dudalen hon ar gyfer peirianneg wrthdro ar gynnyrch tebyg i'r un byddwch chi'n ei ddylunio. Rhannwch eich dadansoddiad yn DDADANSODDIAD ALLANOL a DADANSODDIAD MEWNOL. Gallwch chi hefyd ddefnyddio teitlau ACCESS FM.

Lluniau o agwedd 'allanol' ar y cynnyrch

Mewnol

Lluniau o agwedd 'fewnol' ar y cynnyrch

ENGHRAIFFT

Manyleb ddylunio

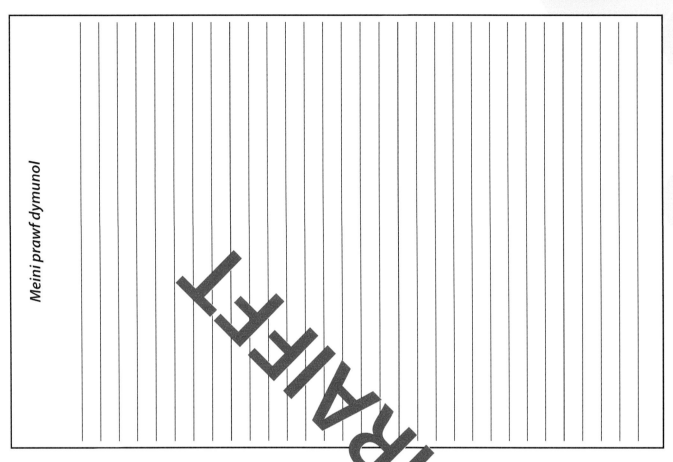

Meini prawf dymunol

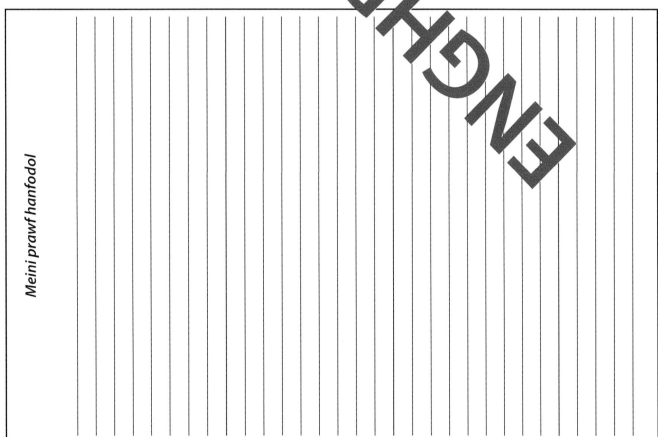

Meini prawf hanfodol

Datrysiadau dylunio/syniadau cychwynnol

Tri neu bedwar o syniadau isometrig wedi'u creu gennych chi. Gadewch y LLINELLAU LLUNIO yn eu lle. Anodwch yn llawn yng nghyd-destun y briff, y fanyleb a'r farchnad darged. Trafodwch y defnyddiau a'u priodweddau.

Cyfiawnhau'r dewis terfynol

ENGHRAIFFT

Datblygu'r syniad sydd wedi cael ei ddewis

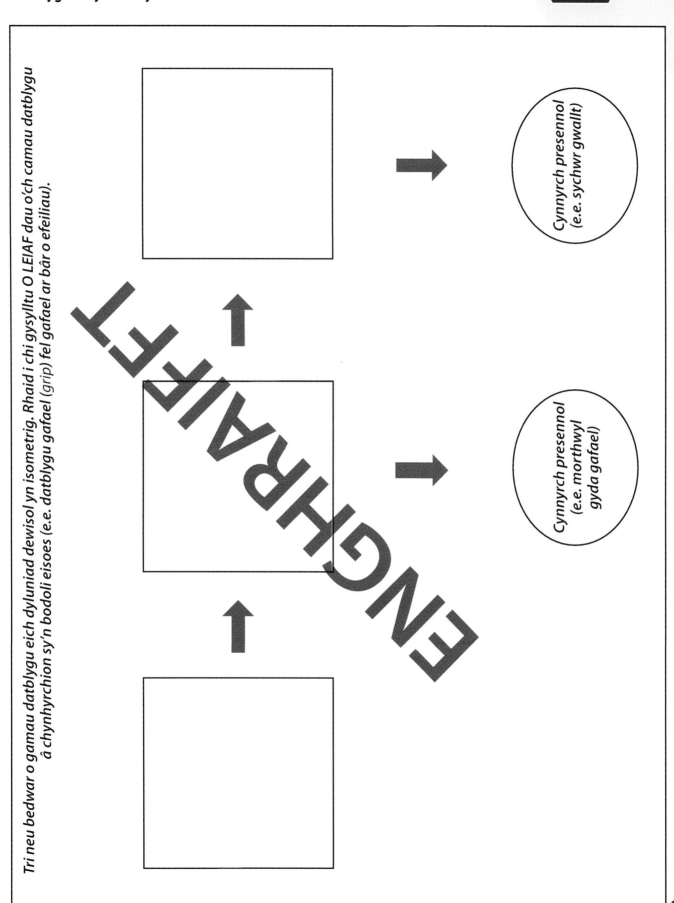

Tri neu bedwar o gamau datblygu eich dyluniad dewisol yn isometrig. Rhaid i chi gysylltu O LEIAF dau o'ch camau datblygu â chynhyrchion sy'n bodoli eisoes (e.e. datblygu gafael (grip) fel gafael ar bâr o efeiliau).

Cynnyrch presennol (e.e. sychwr gwallt)

Cynnyrch presennol (e.e. morthwyl gyda gafael)

ENGHRAIFFT

Datrysiad terfynol

Delwedd derfynol y cyflwyniad CAD yma.

Lluniad peirianyddol/gweithio

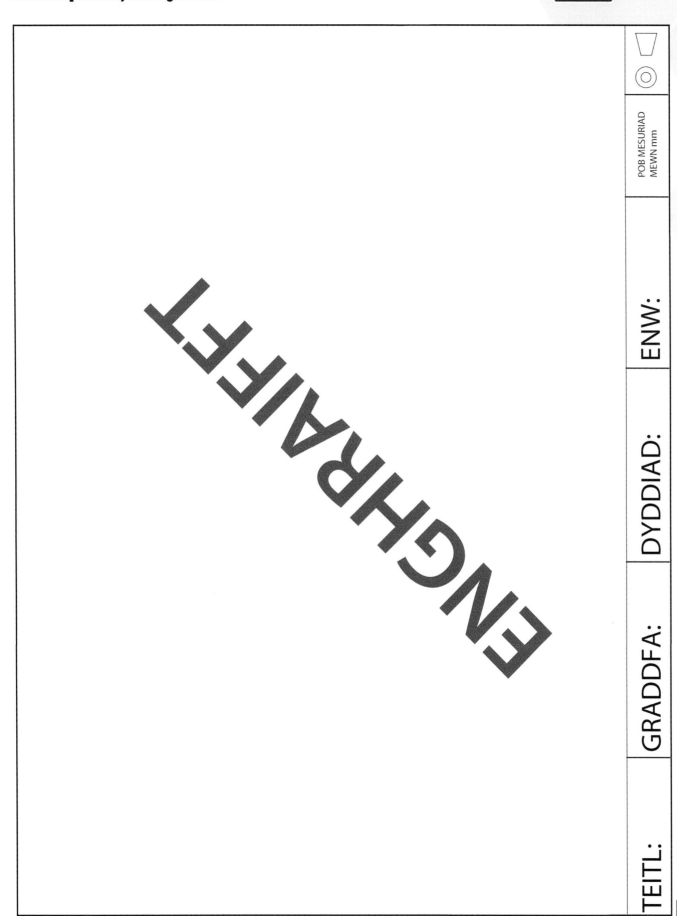

POB MESURIAD
MEWN mm

ENW:

DYDDIAD:

GRADDFA:

TEITL:

ENGHRAIFFT

Cynlluniau marcio

Meini prawf asesu	Bandiau perfformiad				Gradd a ddyfarnwyd
	Llwyddiant Lefel 1	Llwyddiant Lefel 2	Teilyngdod Lefel 2	Rhagoriaeth Lefel 2	
MPA1.1 Nodi nodweddion sy'n cyfrannu at brif swyddogaeth cynhyrchion peirianyddol	Yn nodi nodweddion sy'n cyfrannu at swyddogaeth cynhyrchion peirianyddol er na fydd rhai nodweddion o bosibl yn cyfrannu at y brif swyddogaeth.	Yn nodi'n gywir ystod gyfyngedig o nodweddion sy'n cyfrannu at brif swyddogaeth cynhyrchion peirianyddol.	Yn nodi'n gywir ystod o nodweddion sy'n cyfrannu at brif swyddogaeth cynhyrchion peirianyddol.		
	Sylwadau'r aseswr				
MPA1.2 Nodi nodweddion cynhyrchion peirianyddol sy'n bodloni gofynion briff	Yn nodi nodweddion cynhyrchion peirianyddol er na fydd rhai nodweddion o bosibl yn bodloni gofynion briff.	Yn nodi'n gywir ystod gyfyngedig o nodweddion sy'n bodloni gofynion briff.	Yn nodi'n gywir ystod o nodweddion sy'n bodloni gofynion briff		
	Sylwadau'r aseswr				
MPA1.3 Disgrifio sut mae cynhyrchion peirianyddol yn gweithredu	Yn amlinellu sut mae cynhyrchion peirianyddol yn gweithredu gyda chywirdeb cyfyngedig.	Yn disgrifio sut mae cynhyrchion peirianyddol yn gweithredu.	Yn disgrifio gyda rhywfaint o fanylder a chywirdeb sut mae ystod o gynhyrchion peirianyddol yn gweithredu.	Yn disgrifio'n gywir ac yn fanwl sut mae ystod o gynhyrchion peirianyddol yn gweithredu.	
	Sylwadau'r aseswr				

Uned 2

Cofiwch, gallai ffocws y gwaith newid ond bydd deilliannau'r dasg yr un fath.

Novus Fabrication & Engineers Cyf. – BRIFF ENGHREIFFTIOL

Novus
Fabrication
& Engineers Cyf.

Mae Novus Fabrication & Engineers Cyf. (NFE) yn cynhyrchu cynhyrchion peirianyddol a phrototeipiau ar gyfer cwmnïau sy'n dylunio cynhyrchion. Mae gan adwerthwr stryd fawr ddyluniad ar gyfer lamp ddesg newydd wedi'i phweru gan LED. Mae'r adwerthwr wedi comisiynu NFE i gynhyrchu prototeip o'r lamp cyn dechrau cynhyrchu ar raddfa lawn.

Mae'r adwerthwr wedi rhoi'r holl luniadau peirianyddol perthnasol i NFE.

Tasg

1. Dehonglwch y lluniadau a chynhyrchwch y prototeip wrth raddfa.

2. Crëwch restr dasgau/ddarnau sydd hefyd yn cofnodi'r offer, y peiriannau a'r cyfarpar iechyd a diogelwch sydd eu hangen.

3. Crëwch gofnod 'rhoi mewn trefn' neu 'arsylwi' yn cynnwys ffotograffau o bob proses fel bod person arall yn gallu ei ddilyn, gan ystyried iechyd a diogelwch hefyd.

4. Gwerthuswch ganlyniad y lamp, gan gynnwys y prosesau gweithio, yr offer rydych chi wedi'u defnyddio, manwl gywirdeb, gorffeniad, ac iechyd a diogelwch.

Cap Cysgodlen

Cysgodlen

Adlewyrchydd Cysgodlen

Bar Lleoli

Braich Ar Draws

Braich Ar i Fyny

Gwaelod

Braced

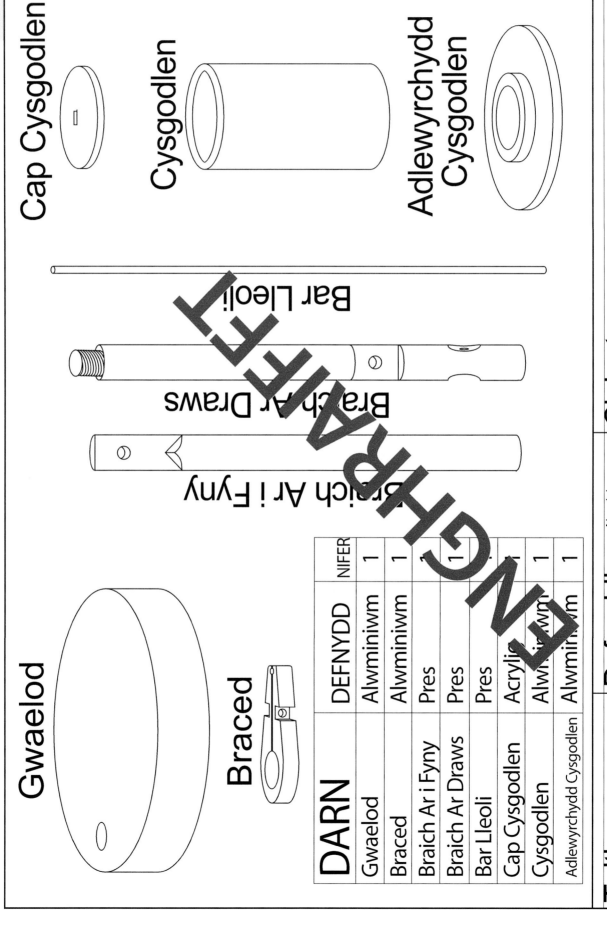

DARN	DEFNYDD	NIFER
Gwaelod	Alwminiwm	1
Braced	Alwminiwm	1
Braich Ar i Fyny	Pres	1
Braich Ar Draws	Pres	1
Bar Lleoli	Pres	1
Cap Cysgodlen	Acrylig	1
Cysgodlen	Alwminiwm	1
Adlewyrchydd Cysgodlen	Alwminiwm	1

Teitl: Rhestr Ddarnau Lamp

Defnyddiau: Alwminiwm, Pres, Acrylig

Cleient: Novus Fabrication & Engineers Cyf.

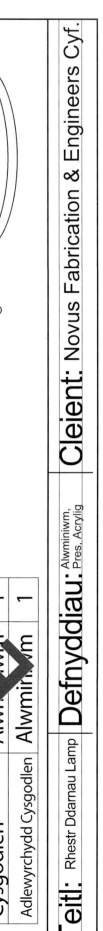

Cydosod

Taenedig

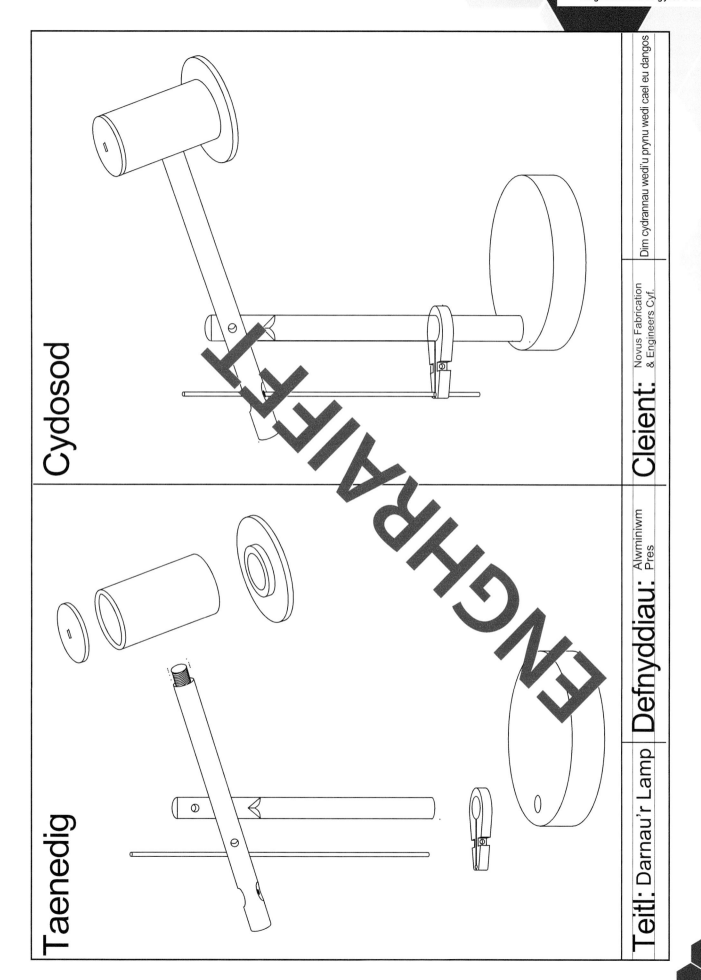

ENGHRAIFFT

Teitl: Darnau'r Lamp | **Defnyddiau:** Alwminiwm
Pres | **Cleient:** Novus Fabrication
& Engineers Cyf. | Dim cydrannau wedi'u prynu wedi cael eu dangos

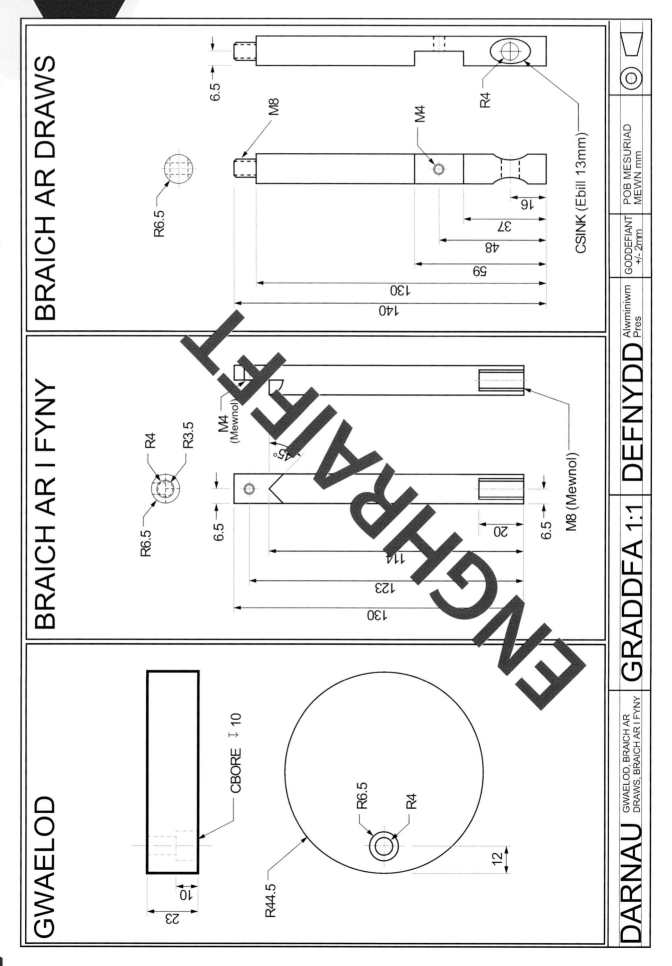

BRAICH AR DRAWS

6.5

M8

R6.5

M4

R4

CSINK (Ebill 13mm)

16

37

48

59

130

140

BRAICH AR I FYNY

R4

R3.5

R6.5

M4 (Mewnol)

45°

6.5

M8 (Mewnol)

6.5

20

114

123

130

GWAELOD

CBORE ⌶ 10

R6.5

R4

R44.5

12

10

23

ENGHRAIFFT

DARNAU GWAELOD, BRAICH AR DRAWS, BRAICH AR I FYNY

GRADDFA 1:1

DEFNYDD Alwminiwm Pres

GODDEFIANT +/- 2mm

POB MESURIAD MEWN mm

176

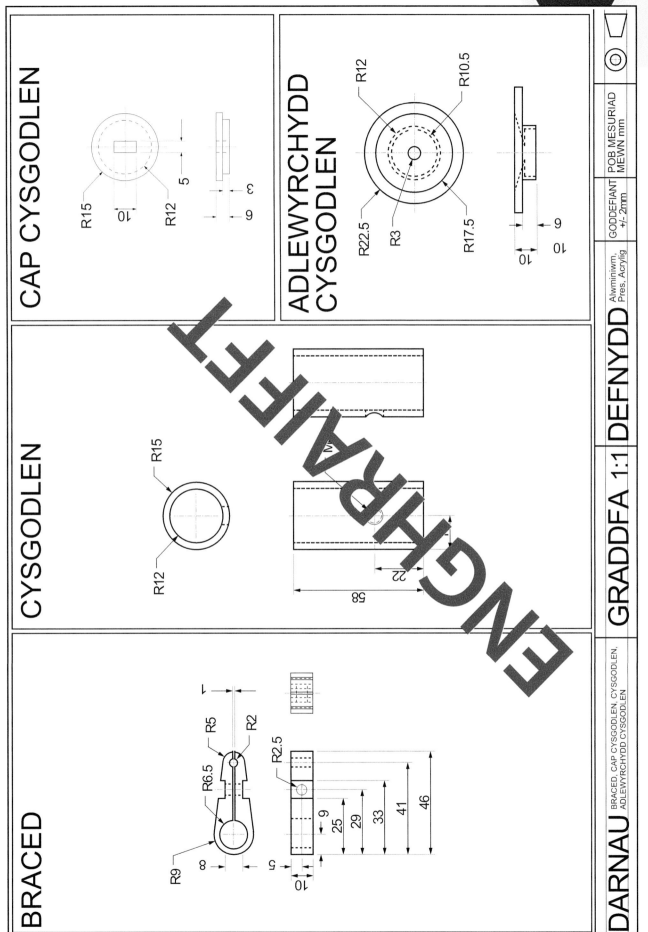

CAP CYSGODLEN

R15
R12
10
5
6
3

ADLEWYRCHYDD CYSGODLEN

R12
R10.5
R22.5
R3
R17.5
6
10

CYSGODLEN

R15
R12
58
22

BRACED

R6.5
R5
R2
R9
R2.5
8
5
10
9
25
29
33
41
46
1

ENGHRAIFFT

DARNAU BRACED, CAP CYSGODLEN, CYSGODLEN, ADLEWYRCHYDD CYSGODLEN

GRADDFA 1:1

DEFNYDD Alwminiwm, Pres, Acrylig

GODDEFIANT +/- 2mm

POB MESURIAD MEWN mm

Enghraifft o dudalennau taflen dasgau/taflen ddarnau

Dylech chi fod yn creu cyfres o dablau i esbonio'r **defnyddiau** a'r **cyfarpar** sydd eu hangen i gynhyrchu'r prototeip. ENGHRAIFFT YN UNIG yw'r tabl canlynol o'r hyn GALLECH chi ei lunio. Byddai angen mwy nag un tabl NEU deitl pe bai mwy nag un darn.

Enw/rhif y DARN			
Nifer	Pa ddefnydd(iau)	Offer/peiriannau sydd eu hangen	Cyfarpar iechyd a diogelwch

Enw/rhif y DARN			
Nifer	Pa ddefnydd(iau)	Offer/peiriannau sydd eu hangen	Cyfarpar iechyd a diogelwch

Enw/rhif y DARN			
Nifer	Pa ddefnydd(iau)	Offer/peiriannau sydd eu hangen	Cyfarpar iechyd a diogelwch

Enghraifft GANTT

Dylech chi greu siart GANTT sy'n esbonio **amseriadau** y broses wneud. Rhaid i chi hefyd restru'r OFFER/CYFARPAR byddwch chi'n eu defnyddio. Dylech chi hefyd gynnwys ARCHWILIADAU ANSAWDD ac ARCHWILIADAU IECHYD A DIOGELWCH fel rhan o'r siart.

Darn: CYSGODLEN				
Enw'r myfyriwr:				
Proses	Offer/cyfarpar	Archwiliad ansawdd (*ticiwch y blwch*)	Archwiliad iechyd a diogelwch (*ticiwch y blwch*)	Amser sydd ei angen (*oriau neu segmentau 30 munud*)

Enghraifft o dudalennau'r daflen arsylwi/rhoi trefn

Dylech chi fod yn creu cyfres o dablau i esbonio **trefn y tasgau** neu'r **cynllun** sydd ei angen i gynhyrchu'r prototeip. ENGHRAIFFT YN UNIG yw'r tabl canlynol o'r hyn GALLECH chi ei lunio. Byddai angen mwy nag un tabl NEU deitl pe bai mwy nag un darn.

Enw/rhif y DARN							
Rhif cam/ gweithred	Offeryn	Peiriant	Proses	Iechyd a diogelwch	Amser	Esboniad	Tystiolaeth ffotograffig

Enw/rhif y DARN							
Rhif cam/ gweithred	Offeryn	Peiriant	Proses	Iechyd a diogelwch	Amser	Esboniad	Tystiolaeth ffotograffig

Enw/rhif y DARN							
Rhif cam/ gweithred	Offeryn	Peiriant	Proses	Iechyd a diogelwch	Amser	Esboniad	Tystiolaeth ffotograffig

Enghraifft o dudalennau'r daflen werthuso

Dylech chi fod yn creu **gwerthusiad** o broses gynhyrchu'r prototeip. Gallwch chi ddefnyddio'r teitlau canlynol mewn unrhyw drefn, a gallwch chi hyd yn oed addasu'r geiriau.

Dylai fod llawer o resymu yn y gwerthusiad hwn. Dylech chi ddefnyddio geiriau fel:

- oherwydd
- fel
- gan fod.

Gallwch chi werthuso pob cydran unigol neu'r project cyfan.

Dylai'r gwerthusiad gynnwys y canlynol:

Gwerthusiad personol
- Defnydd o offer a chyfarpar
- Gweithio o fewn goddefiant
- Iechyd a diogelwch
- Cwblhau o fewn y terfynau amser.

Canlyniad prototeip
- Manwl gywirdeb
- Ansawdd y gorffeniad
- Cydosod.

Tystiolaeth ffotograffig
- Darnau cydrannol
- Prototeip wedi'i gydosod (gyda golygon gwahanol).

Cynlluniau marcio

Meini prawf asesu	Bandiau perfformiad				Gradd a ddyfarnwyd
	Llwyddiant Lefel 1	Llwyddiant Lefel 2	Teilyngdod Lefel 2	Rhagoriaeth Lefel 2	
MPA1.1 Dehongli lluniadau peirianyddol	Yn dehongli gwybodaeth gyfyngedig o luniadau peirianyddol gyda chywirdeb cyfyngedig. Efallai na fydd rhywfaint o'r wybodaeth yn briodol.	Yn dehongli gwybodaeth o luniadau peirianyddol gyda rhywfaint o gywirdeb. Efallai na fydd rhywfaint o'r wybodaeth yn briodol.	Yn dehongli'r wybodaeth fwyaf priodol o luniadau peirianyddol yn gywir.	Yn dehongli ystod eang o wybodaeth briodol yn gywir o luniadau peirianyddol.	
	Sylwadau'r aseswr				
MPA1.2 Dehongli gwybodaeth beirianyddol	Yn dehongli gwybodaeth beirianyddol gyda chywirdeb cyfyngedig. Efallai na fydd rhywfaint o'r wybodaeth yn briodol.	Yn dehongli gwybodaeth beirianyddol briodol gyda rhywfaint o gywirdeb.	Yn dehongli gwybodaeth beirianyddol briodol yn gywir.		
	Sylwadau'r aseswr				
MPA2.1 Nodi'r adnoddau sydd eu hangen	Nodir ystod gyfyngedig o adnoddau priodol. Ceir rhai anghywirdebau a hepgoriadau sylweddol.	Nodir ystod o adnoddau priodol yn gywir. Ceir rhai anghywirdebau a mân hepgoriadau.	Nodir ystod o adnoddau priodol yn gywir.		
	Sylwadau'r aseswr				
MPA2.2 Rhoi'r gweithgareddau gofynnol mewn trefn	Nodir ystod gyfyngedig o weithgareddau priodol. Gwneir rhywfaint o ymdrech i roi'r gweithgareddau mewn trefn er na roddir ystyriaeth i ffactorau allanol bob tro.	Nodir ystod o weithgareddau priodol. Rhoddir trefn resymegol ar rai o'r gweithgareddau, gyda rhywfaint o ystyriaeth i ffactorau allanol.	Nodir ystod o weithgareddau priodol. Rhoddir trefn resymegol ar y rhan fwyaf ohonynt, a rhoddir ystyriaeth glir i rai ffactorau allanol.	Nodir gweithgareddau priodol a rhoddir trefn resymegol arnynt, gan roi ystyriaeth glir i ystod o ffactorau allanol.	
	Sylwadau'r aseswr				

Meini prawf asesu	Bandiau perfformiad				Gradd a ddyfarnwyd
	Llwyddiant Lefel 1	Llwyddiant Lefel 2	Teilyngdod Lefel 2	Rhagoriaeth Lefel 2	
MPA3.1 Defnyddio offer i gynhyrchu cynhyrchion peirianyddol	Defnyddir ystod gyfyngedig o offer ym maes cynhyrchu peirianneg. Ceir rhywfaint o dystiolaeth o weithio diogel, er bod angen rhywfaint o ymyrraeth. Gall y dysgwr gael gafael ar wybodaeth neu ddefnyddio offer ag arweiniad. Gall defnyddio offer arwain at ystod gyfyngedig o ganlyniadau.	Defnyddir ystod o offer ym maes cynhyrchu peirianneg. Ceir tystiolaeth o weithio diogel annibynnol er y gall fod angen rhywfaint o ymyrraeth. Gall y dysgwr ddefnyddio gwybodaeth neu offer ag arweiniad cyfyngedig. Gall defnyddio offer arwain at ganlyniadau lle ceir rhai problemau o ran ansawdd.	Defnyddir ystod o offer yn effeithiol ym maes cynhyrchu peirianneg. Ceir tystiolaeth o weithio diogel annibynnol. Gall defnyddio offer arwain at ganlyniadau sy'n bodloni'r rhan fwyaf o'r gofynion ansawdd.	Defnyddir ystod o offer yn effeithiol ym maes cynhyrchu peirianneg. Ceir tystiolaeth o weithio diogel annibynnol. Bydd defnyddio offer yn arwain at ganlyniadau sy'n bodloni'r holl ofynion ansawdd.	
	Sylwadau'r aseswr				
MPA3.2 Defnyddio cyfarpar i gynhyrchu cynhyrchion peirianyddol	Defnyddir ystod gyfyngedig o gyfarpar ym maes cynhyrchu peirianneg. Ceir rhywfaint o dystiolaeth o weithio diogel, er bod angen rhywfaint o ymyrraeth. Gall y dysgwr gael gafael ar wybodaeth neu ddefnyddio cyfarpar ag arweiniad. Gall defnyddio cyfarpar arwain at ystod gyfyngedig o ganlyniadau.	Defnyddir ystod o gyfarpar ym maes cynhyrchu peirianneg. Ceir tystiolaeth o weithio diogel annibynnol er y gall fod angen rhywfaint o ymyrraeth. Gall y dysgwr ddefnyddio gwybodaeth neu gyfarpar ag arweiniad cyfyngedig. Gall defnyddio cyfarpar arwain at ganlyniadau lle ceir rhai problemau o ran ansawdd.	Defnyddir ystod o gyfarpar yn effeithiol ym maes cynhyrchu peirianneg. Ceir tystiolaeth o weithio diogel annibynnol. Gall defnyddio cyfarpar arwain at ganlyniadau sy'n bodloni'r rhan fwyaf o'r gofynion ansawdd.	Defnyddir ystod o gyfarpar yn effeithiol ym maes cynhyrchu peirianneg. Ceir tystiolaeth o weithio diogel annibynnol. Bydd defnyddio cyfarpar yn arwain at ganlyniadau sy'n bodloni'r holl ofynion ansawdd.	
	Sylwadau'r aseswr				

(yn parhau drosodd)

Meini prawf asesu	Bandiau perfformiad *parhad*				Gradd a ddyfarnwyd
	Llwyddiant Lefel 1	Llwyddiant Lefel 2	Teilyngdod Lefel 2	Rhagoriaeth Lefel 2	
MPA4.1 Defnyddio prosesau peirianyddol i gynhyrchu cynhyrchion peirianyddol	Defnyddir ystod gyfyngedig o brosesau ym maes cynhyrchu peirianneg. Ceir rhywfaint o dystiolaeth o weithio diogel, er bod angen rhywfaint o ymyrraeth. Gall y dysgwr ddefnyddio gwybodaeth neu brosesau ag arweiniad. Gall defnyddio prosesau arwain at ganlyniadau cyfyngedig.	Defnyddir ystod o brosesau ym maes cynhyrchu peirianneg. Ceir tystiolaeth o weithio diogel annibynnol, er y gall fod angen rhywfaint o ymyrraeth. Gall y dysgwr ddefnyddio gwybodaeth neu brosesau ag arweiniad cyfyngedig. Gall defnyddio prosesau arwain at ganlyniadau lle ceir rhai problemau o ran ansawdd.	Defnyddir ystod o brosesau yn effeithiol ym maes cynhyrchu peirianneg. Ceir tystiolaeth o weithio diogel annibynnol. Gall defnyddio prosesau arwain at ganlyniadau sy'n bodloni'r rhan fwyaf o'r gofynion ansawdd.	Defnyddir ystod o brosesau yn effeithiol ym maes cynhyrchu peirianneg. Ceir tystiolaeth o weithio diogel annibynnol. Bydd defnyddio prosesau yn arwain at ganlyniadau sy'n bodloni'r holl ofynion ansawdd.	
	Sylwadau'r aseswr				
MPA4.2 Gwerthuso ansawdd cynhyrchion peirianyddol	Caiff ansawdd cynhyrchion peirianyddol ei werthuso. Mae'r casgliadau yn syml ar y cyfan.	Caiff ansawdd cynhyrchion peirianyddol ei werthuso gan ddefnyddio rhai technegau priodol. Dengys y casgliadau rywfaint o resymu yn seiliedig ar dystiolaeth.	Caiff ansawdd cynhyrchion peirianyddol ei werthuso gan ddefnyddio technegau priodol ar y cyfan. Dengys y casgliadau resymu clir yn seiliedig ar dystiolaeth.		
	Sylwadau'r aseswr				

DYFARNIADAU LEFEL 1/2 CBAC MEWN PEIRIANNEG
TAFLEN COFNODI MARCIAU

UNED 2: CYNHYRCHU CYNHYRCHION PEIRIANYDDOL

Enw'r dysgwr:

Rwy'n cadarnhau bod y dystiolaeth a gyflwynwyd i'w hasesu wedi'i llunio gennyf heb unrhyw gymorth y tu hwnt i'r cymorth a ganiateir.

Llofnod: **Dyddiad:**

Enw'r aseswr:

Mae briff yr aseiniad a ddefnyddiwyd ar gyfer yr asesiad crynodol wedi'i atodi, ynghyd â thystiolaeth o waith sicrhau ansawdd.

Rwy'n cadarnhau bod y dystiolaeth a gyflwynwyd gan y dysgwr wedi'i llunio o dan yr amodau dan reolaeth a nodir ym manyleb y cymhwyster a'r aseiniad enghreifftiol.

Y radd gyffredinol a ddyfernir ar gyfer yr uned hon yw _____

Llofnod: **Dyddiad:**

Enw'r Aseswr Arweiniol:

Rwy'n cadarnhau bod y dystiolaeth a gyflwynwyd gan y dysgwr hwn ar gyfer yr asesiad crynodol wedi bod yn destun proses sicrhau ansawdd a chadarnheir bod y radd a ddyfarnwyd yn gywir.

Llofnod: **Dyddiad:**

Agorwr poteli

Gall y project seiliedig ar sgiliau ar dudalen 186 'agorwr poteli' gynnwys y prosesau:

- mesur

- sgrifellu

- siapio – llifio, ffeilio

- drilio

- gorffennu – peintio, llathru, araenu â phowdr.

Bachyn drws

Gall y project seiliedig ar sgiliau ar dudalen 187 'bachyn drws' gynnwys y prosesau:

- mesur

- sgrifellu

- siapio – llifio, ffeilio

- drilio

- uno – rhybedu pop, presyddu, weldio

- gorffennu – peintio, llathru, araenu â phowdr.

Dis dur

Gall y project seiliedig ar sgiliau ar dudalen 188 'dis dur' gynnwys y prosesau:

- mesur

- sgrifellu

- siapio – llifio, ffeilio

- drilio

- gorffen wynebu – turn canol (canoli crafanc pedair safn), peiriant melino fertigol

- gorffennu – peintio, llathru.

Morthwyl ffosil

Gall y project seiliedig ar sgiliau ar dudalen 189 'morthwyl ffosil' gynnwys y prosesau:

- mesur

- sgrifellu

- siapio – llifio, ffeilio

- drilio

- gorffen wynebu – turn canol (canoli crafanc pedair safn),

- melino wyneb – peiriant melino fertigol

- creu edafedd mewnol ac allanol (tap a dei)

- sandio – llifanydd linish/sandiwr belt

- gorffennu – peintio, llathru.

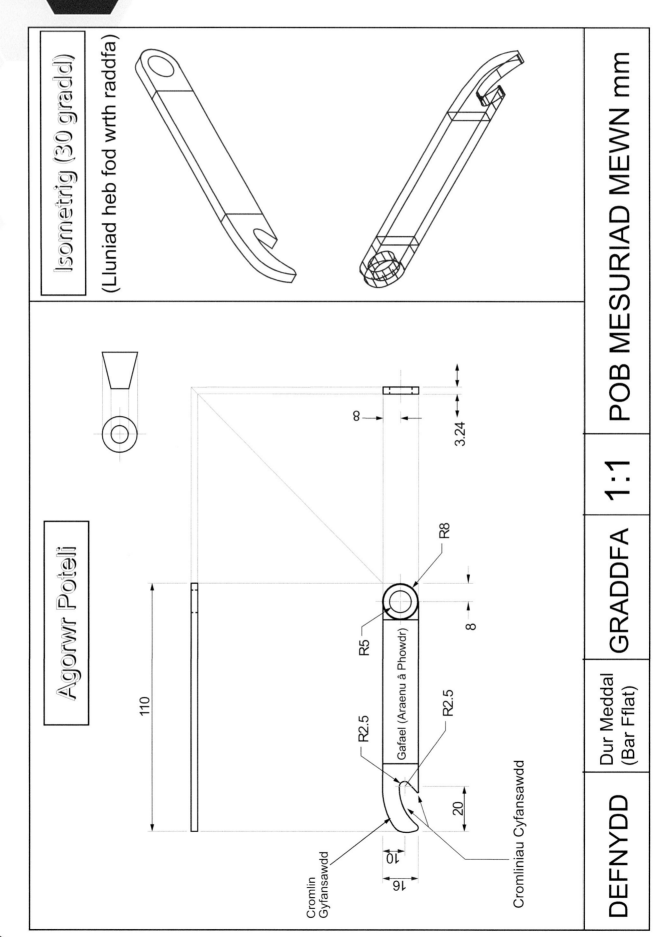

Isometrig (30 gradd)

(Lluniad heb fod wrth raddfa)

Agorwr Poteli

110

R8

R5

R2.5

Gafael (Araenu â Phowdr)

R2.5

8

8

3.24

20

10

16

Cromlin Gyfansawdd

Cromliniau Cyfansawdd

| DEFNYDD | Dur Meddal (Bar Fflat) | GRADDFA | 1:1 | POB MESURIAD MEWN mm |

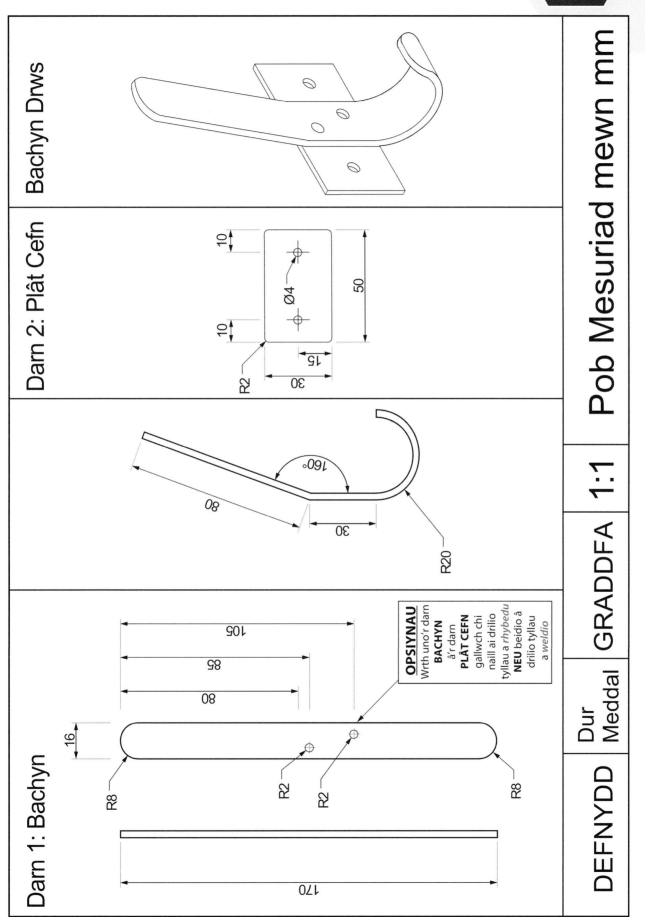

Bachyn Drws

Darn 2: Plât Cefn

10

Ø4

50

10

15

30

R2

160°

80

30

R20

Darn 1: Bachyn

105

85

80

16

OPSIYNAU
Wrth uno'r darn
BACHYN
â'r darn
PLÂT CEFN
gallwch chi
naill ai drilio
tyllau a *rhybedu*
NEU beidio â
drilio tyllau
a *weldio*

R8

R2

R2

R8

170

DEFNYDD	Dur Meddal	GRADDFA	1:1	Pob Mesuriad mewn mm

Isometrig

(Lluniad heb fod wrth raddfa)

Wynebau

Dis Dur

Rhaid drilio pob pwynt canol (+) i ddyfnder heb fod yn fwy na 2mm

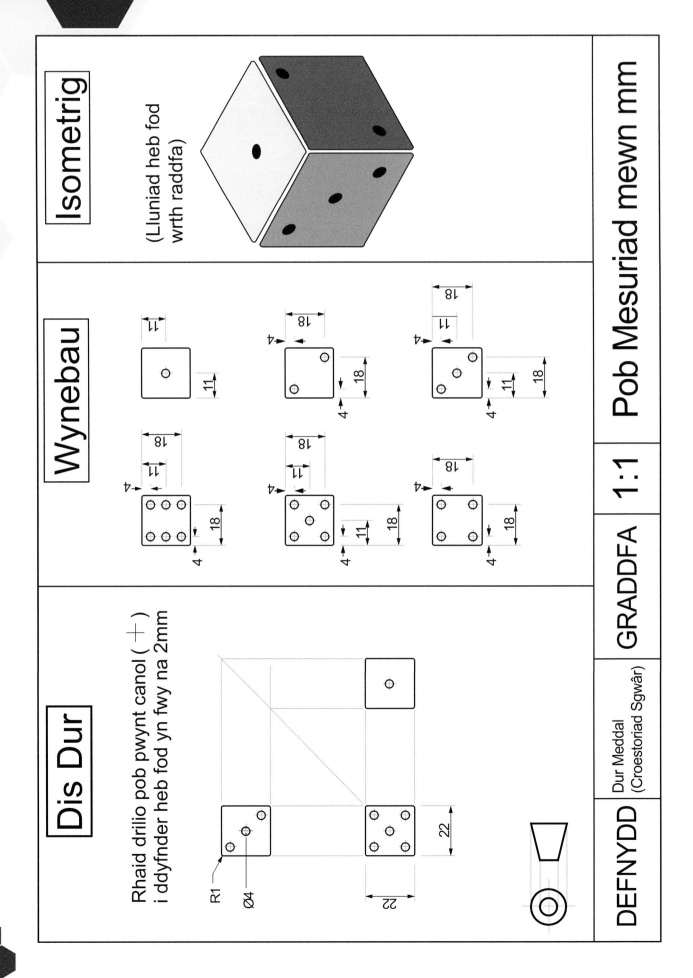

R1
Ø4
22
22

DEFNYDD	GRADDFA	1:1	Pob Mesuriad mewn mm
Dur Meddal (Croestoriad Sgwâr)			

CYDOSOD
(Golwg Isometrig)

HANDLEN
(Hoelbren Pren Caled)

R3
R6
R4.5

30
08

PEN
(Dur Meddal)

R2.5
M5
15
13
13.5
36
6.5

COES
(Dur Meddal)

SIAMFFER
M5
14
100
Ø6

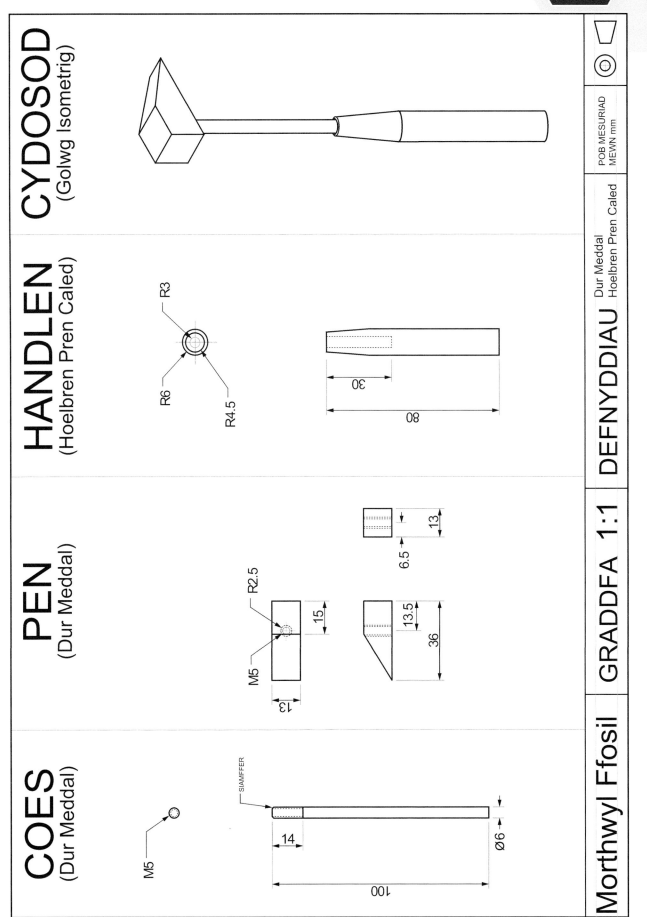

Morthwyl Ffosil	GRADDFA 1:1	DEFNYDDIAU	POB MESURIAD MEWN mm
		Dur Meddal	
		Hoelbren Pren Caled	

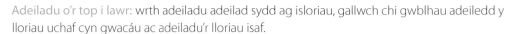

Adeiladu o'r top i lawr: wrth adeiladu adeilad sydd ag isloriau, gallwch chi gwblhau adeiledd y lloriau uchaf cyn gwacáu ac adeiladu'r lloriau isaf.

Allwthiadau: proffiliau sydd wedi cael eu hestyn.

Arloesi: Cymryd rhywbeth sy'n bodoli yn barod a'i wella.

Bilet: (bilet metel) darn o fetel o faint penodol sy'n cael ei siapio gan y broses ofannu.

Capilaredd: lle mae hylif (metel tawdd yn achos presyddu) yn llifo drwy arwynebau cul iawn fel dau ddarn o ddur sy'n cyffwrdd â'i gilydd.

Cawell: y 'blwch' 3D rydych chi'n ei lunio ar ddechrau eich lluniadau isometrig.

Confensiynau: termau technegol.

COSHH: **C**are **o**f **S**ubstances **H**azardous to **H**ealth.

Crafanc Jacobs: cafodd hon ei dyfeisio gan Arthur Jacobs a rhoddodd batent arni yn 1902; mae nawr yn enw sy'n cael ei ddefnyddio ar gyfer y crafangau mwyaf cyffredin.

Cryno: wedi'i leihau drwy ddileu unrhyw beth nad oes ei angen.

Cydberthyn: gweithio gyda'i gilydd.

Cydosod: rhoi at ei gilydd.

Cydran wedi'i phrynu: cydran sy'n cael ei phrynu oddi wrth ffatri weithgynhyrchu arall.

C.Y.F.: cylchdroeon y funud (*rpm*); pa mor gyflym mae'r peiriant yn troelli.

Cyfansawdd: rhywbeth sydd wedi'i wneud o nifer o ddarnau neu elfennau.

Cyfyngiad: rhywbeth sy'n cyfyngu.

Cynaliadwy: ydy hi'n bosibl cynnal prosesau gweithgynhyrchu'r cynnyrch (ydy'r cynnyrch wedi'i wneud o adnoddau cynaliadwy)?

Cynrychioliadau: golygon.

Cyrydiad: ocsidiad ar arwyneb metelig, sef rhwd.

Cywasgedd: cael ei wasgu.

Dadansoddi cynnyrch: edrych ar y cynnyrch, ei deimlo ac efallai ei ddefnyddio i weld sut mae'n gweithio.

Darfodiad: creu cynnyrch fel y bydd yn darfod – yn mynd yn hen ffasiwn neu wedi dyddio.

Dichonadwy: hylaw/posibl.

Diflanbwyntiau: llinellau sy'n diflannu i'r pellter.

Dimensiynau o ben i ben: y dimensiynau mwyaf.

Echelin: y cyfeiriad teithio o bwynt sefydlog (echelinau X, Y a Z).

Egni adnewyddadwy: mathau o egni sy'n cael eu hadnewyddu'n naturiol fel gwynt, solar, geothermol a llanw.

Electrod: dargludydd trydanol sy'n cael ei ddefnyddio yn gyffredinol i wneud cyswllt â darn anfetelig o gylched (e.e. defnyddio electrod i weldio, mig neu arc, lle mae'r electrod yn wifren neu roden fetel 'aberthol').

Elips: cylch wedi'i weld mewn tafluniad acsonometrig.

Esthetig: sut mae rhywbeth yn edrych i'r llygad.

Ewyn modelu: defnydd ewyn sy'n hawdd ei siapio â phapur gwydrog. Enw arall arno yw ewyn styro.

FEA: dadansoddi elfennau meidraidd (*finite element analysis*). Ffordd o brofi'r defnydd (elfen) o'ch dewis o dan rymoedd ar fodel cyfrifiadurol.

Ffiledau: corneli crwm.

FoS: ffactor diogelwch. Cynnwys lwfans diogelwch wrth ddylunio cynhyrchion.

Ffabrigo: siapio ac uno defnyddiau i greu cynnyrch.

Ffotonau: gronynnau golau.

Ffurf stoc: maint a siâp y defnyddiau sy'n dod gan y cyflenwyr.

Goddefiant: faint o amrywiad sy'n dderbyniol ar gyfer mesur penodol, yn enwedig o ran dimensiynau peiriant neu ddarn.

GRP: plastig wedi'i atgyfnerthu â gwydr, sydd hefyd yn cael ei alw'n wydr ffibr. Cymysgedd o wydr ffibr a resin epocsi.

Grym: y gwthiad neu'r tyniad ar wrthrych sy'n achosi iddo newid cyflymder (cyflymu).

Gwaelodlin: y llinell lorweddol rydych chi'n ei defnyddio i 'lefelu' eich sgwaryn.

Gwrthydd: cydran drydanol sy'n gallu cael ei defnyddio mewn cylched i leihau/arafu'r cerrynt ynddi.

Hirgylchwr: (neu'r dull hirgylchwr) defnyddio hirgylchwr Archimedes (neu elipsograff) i luniadu elipsau. Mae'n bosibl dyblygu'r dull hwn hefyd drwy ddefnyddio darn o bapur ac echelinau hwyaf a lleiaf yr elips sydd i'w luniadu.

HSS: dur cyflymder uchel (*high-speed steel*). Dur carbon uchel caled iawn. Mae'n cael ei ddefnyddio i wneud offer torri fel ebillion dril a llafnau llifiau.

Hydrin: hyblyg, hawdd ei siapio heb ei dorri na'i gracio.

Jar Leyden: neu jar Leiden. Jar gwydr syml gyda'r tu mewn a'r tu allan wedi'u leinio â ffoil, sy'n cael ei ddefnyddio i storio gwefr drydanol – yn debyg iawn i fatri.

Jig: dyfais i ddal gwaith; gallwn ni ei ddefnyddio i wneud gweithrediad dro ar ôl tro.

LED: deuod allyrru golau; cydran drydanol sy'n allyrru (rhyddhau) golau.

Lled-ddargludydd:
- Dargludedd uchel = dargludydd (e.e. metelau)
- Dargludedd canolig = lled-ddargludydd (e.e. silicon)
- Dargludedd isel = ynysydd (e.e. plastigion).

Llifanydd linish: peiriant sy'n gwneud arwyneb yn fwy gwastad drwy ei sandio neu ei lathru.

Llinellau estyn: enw arall arnynt yw llinellau arwain.

Llinellau llunio: llinellau ysgafn, tenau sy'n hawdd eu rhwbio i ffwrdd.

Llinellau trwchus: i ddiffinio'r gwrthrych rydych chi'n ei luniadu i'w gwneud hi'n haws gweld pa linellau i'w cadw a pha rai i'w dileu.

Lliniogi: cyfres o linellau paralel 45° â phellter priodol rhyngddynt (e.e. 4mm) i ddangos ble mae gwrthrych solet wedi cael ei dorri.

Lluniad rhandoredig: wedi'i ddylunio i ddangos rhannau pwysig o du mewn gwrthrych neu gynnyrch didraidd.

Lluniad taenedig: lluniad yn dangos y darnau o wrthrych neu gynnyrch wedi'u gwahanu i ddangos sut maen nhw'n cydberthyn neu'n mynd gyda'i gilydd.

Lluniadau technegol: y term cyffredin ar gyfer tafluniadau orthograffig 3edd ongl.

Mandrel: rhoden silindrog i ofannu neu siapio defnydd o'i chwmpas.

Marchnad darged: y grŵp o ddefnyddwyr byddwch chi'n dylunio ar eu cyfer.

MDF: bwrdd ffibr dwysedd canolig. Pren gwneud sy'n cael ei ddefnyddio i wneud llawer o bethau fel dodrefn a phrojectau adeiladu mewnol.

Meini prawf: penawdau neu deitlau penodol.

Methu'n drychinebus: profi rhywbeth nes ei fod yn torri a ddim yn gweithio mwyach.

Monomerau: o'r Roeg: mono = un; mer = darn. Moleciwlau unigol yw monomerau.

Mowld tafladwy: mowld dros dro sy'n cael ei ddinistrio pan fydd y broses gastio wedi'i chwblhau. Does dim modd ei ailddefnyddio.

Naddion: darnau bach o fetel.

Nod barcut: caiff hwn ei roi gan y BSI pan fydd cynnyrch yn bodloni ei safonau.

Nodweddion allweddol: darnau perthnasol o wybodaeth.

Ocsidiad: y broses o ocsidio; lle mae arwynebau dur/haearn yn adweithio â'r atmosffer ac yn creu ocsidau fferrig (rhwd).

Ôl troed: arwynebedd y tir mae pob adeilad yn ei ddefnyddio.

Optimaidd: yr un gorau oll.

Papur gwlyb a sych: dalennau sgraffinio (tebyg i bapur gwydrog) i'w defnyddio yn bennaf gydag arwynebau metelig. Gallwn ni eu defnyddio nhw naill ai'n sych neu'n wlyb. Pan ydyn nhw'n wlyb, mae'r lleithder yn gweithredu fel iraid ac yn cael gwared ar y gronynnau'n gyflymach na phan ydyn nhw'n sych, gan greu arwyneb mwy llyfn yn gyflymach. Fel offer a chyfarpar sgraffinio (ffeiliau, olwyn lifanu, papur gwydrog), mae papur gwlyb a sych yn dod mewn gwahanol raddau (maint grit) i roi gorffeniad mwy garw neu fwy llyfn. Yr isaf yw rhif/maint grit y papur gwlyb a sych (e.e. 40 grit), y mwyaf bras yw'r gronynnau ar y papur a'r mwyaf garw fydd y gorffeniad; a'r uchaf yw'r maint grit (e.e. 1,000 grit), y mwyaf mân yw'r gronynnau ar y papur a'r mwyaf llyfn fydd y gorffeniad.

Patrwm: copi 3D o'r eitem sy'n mynd i gael ei chastio. Rydyn ni'n pacio'r tywod o gwmpas y patrwm ac yna'n tynnu'r patrwm, gan greu ceudod i'w lenwi â metel tawdd.

PCB: bwrdd cylched brintiedig. Bwrdd cylched sy'n cael ei wneud gan ddefnyddio gweithgynhyrchu drwy gymorth cyfrifiadur, ac sydd o ddifrif yn 'brintiedig'.

Peiriannau CNC: peiriannau dan reolaeth rifiadol cyfrifiadur.

Pen llonydd: y darn o'r turn canol sydd tuag at gefn y peiriant ac yn dal amrywiaeth o offer defnyddiol fel crafangau, ebillion dril a chanllawiau canoli, ac sydd hefyd yn gallu cynnal darnau gwaith hirach i wneud yn siŵr nad ydyn nhw'n siglo wrth gael eu cylchdroi.

PERPENDICWLAR

90°

Perpendicwlar: rhywbeth sydd ar 90° i linell benodol (gweler y ffigwr ar y chwith).

Persbectif: eich safbwynt chi wrth edrych ar wrthrych.

Persbectif acsonometrig: cynrychioliad darluniadol o wrthrych 3D sydd ddim yn olwg go iawn o sut byddech chi'n ei weld.

Planau: yr echelinau (cyfeiriadau) X, Y a Z lle rydych chi'n creu.

Platen: y darn o beiriant ffurfio â gwactod sy'n gweithredu fel silff â thyllau ac sy'n gallu cael ei godi neu ei ostwng.

Polymer wrea fformaldehyd: plastig caled, ychydig yn frau sy'n cael ei ddefnyddio ar gyfer casinau/gorchuddion trydanol.

Polymerau: o'r Roeg: *poly* = llawer; *mer* = darn. Gair cyfarwydd am blastigion.

Polymeru: y broses ddiwydiannol sy'n cael ei defnyddio i greu plastigion o nafftha.

Prism: siâp solet â dau ben o'r un siâp a maint. Mae'r hyd yn gallu amrywio.

PVC: polyfinyl clorid.

Rhedwyr: sianel sy'n arwain y metel tawdd at y darn (neu i geudod y darn sy'n mynd i gael ei lenwi â metel tawdd). Mae rhedwr yn cael ei ystyried yn ddefnydd gwastraff mewn perthynas â'r cynnyrch wedi'i gastio, ond gallwn ni ei ailddefnyddio.

Rhoi mewn trefn: rhoi tasgau yn y drefn gywir.

Sbriw: sianel wag i arllwys metel tawdd (neu wthio plastig) i mewn iddi. Mae sbriw'n cael ei ystyried yn ddefnydd gwastraff mewn perthynas â'r cynnyrch wedi'i gastio, ond gallwn ni ei ailddefnyddio.

Sgrifellu: mesur a marcio.

Siasio: torri'r edau unwaith eto â thap neu ddei i atgyweirio unrhyw ddifrod fel edafedd wedi croesi, yn ogystal â glanhau'r edau os yw'n hen, wedi treulio neu'n fudr.

Slag: defnydd gwastraff sy'n cael ei adael ar ôl wrth fwyndoddi neu goethi metelau o'u mwynau.

SMA: aloi sy'n cofio siâp. Aloi metelig sydd â 'chof'.

SWOT: yn golygu:
- Cryfderau (*Strengths*): nodi beth sy'n dda am eich project/syniad.
- Gwendidau (*Weaknesses*): nodi pethau allai wneud i'ch project/syniad fethu.
- Cyfleoedd (*Opportunities*): nodi sut gallech chi fanteisio ar eich project/syniad.
- Bygythiadau (*Threats*): nodi problemau posibl i'r project/syniad.

Tafluniad orthograffig: (mewn peirianneg) modd o gynrychioli golygon gwahanol ar wrthrych drwy ei daflunio ar blân neu arwyneb.

Tanwyddau ffosil: adnoddau anadnewyddadwy sy'n gallu cael eu llosgi i greu egni (e.e. glo, nwy ac olew).

Tawdd: cyflwr o droi'n hylif. Mae'n aml yn cyfeirio at ddefnyddiau solet fel creigiau a metelau sydd wedi eu rhoi mewn tymereddau uchel ac wedi troi'n hylif. Mae tawdd yn golygu 'wedi toddi'.

TPI: dannedd y fodfedd. Faint o 'ddannedd' sydd gan lafn llif bob modfedd.

Traphont ddŵr: pont sy'n cludo dŵr o un lle i le arall.

Tyndro tap: dyfais i ddal y tap. Mae ganddo 'freichiau' hefyd gydag arwyneb gweadog i afael ynddo a gellir ei gylchdroi â llaw.

Tyniant: cael ei dynhau ac ymestyn.

Thermocromig: sylwedd sy'n newid lliw yn unol â'r tymheredd: *thermo* = tymheredd, *cromig* = lliw.

UPVC: polyfinyl clorid heb ei blastigo. Math caled o PVC.

Uwcholwg: golwg oddi uchod; hefyd yn cael ei alw yn olwg llygad aderyn.

Ymchwil: y broses o ddarganfod pethau.

Mynegai

Cydnabyddiaethau Ffotograffau

tud. 1 pkproject / Shutterstock; tud. 8 Gorodenkoff; tud. 9 (top) Diolch i ISO; tud. 9 (dau canol) Diolch i BSI; tud. 9 (gwaelod) Garsya; tud. 11 (chwith uchaf) tandemich; tud. 11 (canol uchaf) Kiryanov Aratem; tud. 11 (de uchaf) Age of Empires; tud. 13 Steinar; tud. 25 Bravo Ferreira da Luz; tud. 34 Howard Davies, ISG; tud. 36 (top) Stanislav Palamar; tud. 36 (gwaelod) EloPaint; tud. 40 (y ddau uchaf) Pixabay; tud. 40 (chwith isaf) Llun gan rawpixel o Pixabay; tud. 40 (de isaf) Ddabarti CGI; tud. 41 (chwith) Pixabay; tud. 41 (de) Photo Oz; tud. 35 Artistdesign29; tud. 37 fizkes'tud. 38 cherezoff; tud. 43 (top) Eiddo cyhoeddus; tud. 43 (gwaelod o'r chwith i'r dde), Infinity Eternity, gresei, jemastock; tud. 44 zhang Shen; tud. 45 (top i'r gwaelod) robtek, jocic, Bildagentur Zoonar GmbH; Pavel_Klimenko; pinktree; tud. 46 (top i'r gwaelod) Somchai Som, AlexLMX; PERLA BERANT WILDER; Teena137; Sideways Design; Juan Aunion; tud. 46 (chwith isaf) chukov; tud. 46 (de isaf) Jaromir Chalabala; tud. 47 (top i'r gwaelod) tr3gin, Zanna Pesnina, Africa Studio, AnyVidStudio; tud. 50 (top) Snoopy63; tud. 50 (canol) Di Studio; tud. 50 (gwaelod) Sue C; tud. 51 (top) Paul Broadbent; tud. 51 (gwaelod) Izf; tud. 52 (de) Craig Russell; tud. 52 (chwith) KreativKolors; tud. 53 (top) Vaderluck yn y Wikipedia Saesneg; tud. 53 (canol) TASER; tud. 53 (de canol) faboi; tud. 54 (chwith uchaf) Mile Atanasov; tud. 54 (de uchaf) xiaoruil; tud. 54 (canol) claudia veja images; tud. 54 (chwith isaf) Epitavi; tud. 54 (de isaf) Paul O'Dowd; tud. 55 (top) blog Radu Crahmaliuc; tud. 56 (chwith uchaf) Aleksandr Medyna; tud. 56 (de uchaf) Incomible; tud. 56 (canol) Kklikov; tud. 56 (gwaelod) Avigator Fortuner; tud. 57 (top) Shablon; tud. 57 (chwith canol) Africa Studio; tud. 57 (de canol) StockphotoVideo; p57 (chwith isaf) NinaMalyna; tud. 57 (de isaf) sergey0506; tud. 58 (top) Tu Olles; tud. 58 (gwaelod) DmyTo; tud. 60 (top) Es sarawuth; tud. 60 (gwaelod) New Punisher; tud. 61 Mooshny; tud. 62 (top) PureSolution; tud. 62 (canol) fad82; tud. 62 (gwaelod) Igor Kardasov; tud. 63 (top i'r gwaelod) fongbeerredhot, Mert Toker, MaxterDesign, Africa Studio, wk1003mike; tud. 64 (top i'r gwaelod) Africa Studio, Victor Metalskly, fizkes, MIKHAIL GRACHIKOV, gualtiero boffi, 3D Vector, HM Design; tud. 65 (top) 279photo Studio; tud. 65 (gwaelod o'r chwith i'r dde) Beko, Dyson, Philips, Vytronix; tud. 68 (top) Delices; tud. 68 (gwaelod) SHEILA TERRY / SCIENCE PHOTO LIBRARY; tud. 69 (chwith uchaf) OlegSam; tud. 69 (canol uchaf) andregric; tud. 69 (de uchaf) Brovko Serhii; tud. 69 (gwaelod) Arkadiy Chumakov; tud. 70 goodluz; tud. 72 nasirkhan; tud. 73 Chaosamaran_Studio; tud. 74 Sartori Studio; tud. 76 (top) cobalt88, tud. 75 (gwaelodAndrii Yalanskyi; tud. 76 (gwaelod) l I g h t p o e t; tud. 78 magic pictures; tud. 79 Mila Supinskaya Glashchenko; tud. 80 create jobs 51; tud. 83 Alexander Lysenko; tud. 85 Mostovyi Sergii Igorevich; tud. 93 mark_vyz; tud. 94 A. ac I. Kruk; tud. 95 (top i'r gwaelod) Viktorija Reuta; petch one, Eleanor 3567, Safety Signs and Notices, Technicsorn Stocker, tud. 96 (top i'r gwaelod) D Russell 78, Standard Studio, Janis Abolins, Alemon cz, Ave Na, Barry Barnes, Benjamin Marin Rubio, Technicsorn Stocker; Herry cai neng; tud. 97 (arwyddion rhybuddio) Jovanovic Dejan, tud. 97 (arwyddion gwahardd) Krishnadas; tud. 98 (i gyd) Jovanovic Dejan; tud. 99 Benjamin F Jones; tud. 100 (top) AlexAMX; tud. 100 (canol) Diolch i The Design and Technology Association; tud. 100 (gwaelod) Diolch i CLEAPSS; tud. 102 Andrey Eremin; tud. 103 (top i'r gwaelod) Florian Schott / Creative commons, Facing off 6061 stock bar/YouTube, John F's Workshop, Florian Schott / Creative commons, Florian Schott / Creative commons, Pixel B, Shutterstock / Pixel B; tud. 104 (top) BUEngineer / Creative commons; tud. 104 (chwith canol) Dmitry Kalinovsky; tud. 104 (de canol) Armen Khachatryan; tud.104 (gwaelod) Vereshchagin Dmitry; tud. 105 (chwith uchaf) evkaz; tud. 105 (de uchaf) Eimantas Buzas; tud. 105 (gwaelod) Rihardzz; tud. 106 (chwith uchaf) maksimee; tud. 106 (de uchaf) Steven Giles; tud. 106 (chwith canol) Gan Glenn McKechnie – Ei waith ei hun, CC BY-SA 3.0, https://commons.wikimedia.org/w/index.php?curid=916098; tud. 106 (de canol) Gan Glenn McKechnie – Ei waith ei hun, CC BY-SA 3.0, https://commons.wikimedia.org/w/index.php?curid=916098; tud. 106 (gwaelod) exopixel; tud. 107 (chwith uchaf) Christopher Elwell; tud. 107 (canol uchaf) kariphoto; tud. 107 (de uchaf) Emrys 2 yn en.Wikipedia / Creative commons; tud. 107 (chwith isaf) Gan Glenn McKechnie – Ei waith ei hun, CC BY-SA 3.0, https://commons.wikimedia.org/w/index.php?curid=916098; tud. 107 (de isaf) Luigi Zanasi / Creative commons; tud. 108 (top) Gan Glenn McKechnie – Ei waith ei hun, CC BY-SA 3.0, https://commons.wikimedia.org/w/index.php?curid=916098; tud. 108 (canol) Gan Glenn McKechnie – Ei waith ei hun, CC BY-SA 3.0, https://commons.wikimedia.org/w/index.php?curid=916098;